COUP D'ŒIL

SUR

L'HYDROLOGIE DU MEXIQUE

principalement

DE LA PARTIE ORIENTALE

COUP D'ŒIL

L'HYDROLOGIE DU MEXIQUE

principalement

DE LA PARTIE ORIENTALE

ACCOMPAGNÉ DE QUELQUES OBSERVATIONS SUR LA
NATURE PHYSIQUE DE CE PAYS.

PAR

HENRI DE SAUSSURE

Membre de la Société de Géographie de Genève

GENÈVE

IMPRIMERIE DE JULES-G^{me} FICK

1862

AVANT-PROPOS.

Ce travail est surtout destiné à faire connaître quelques traits généraux des phénomènes hydrologiques du Mexique, sans donner cependant une description détaillée des lieux, comme l'exigerait un ouvrage plus complet. L'étude spéciale des faits locaux incombe naturellement aux habitants du pays ; elle n'est pas du ressort du voyageur qui doit se borner aux investigations d'un ordre plus général.

Quoique je me sois surtout attaché à l'exposé des phénomènes hydrologiques, on trouvera cependant dans ce mémoire quelques digressions purement physiques et géologiques, mais qui tiennent de près à l'hydrologie et qui forment à cause de cela un utile complément. Il m'aurait été facile de les étendre davantage, mais c'eût été sortir du cadre de cet aperçu.

La révolution perpétuelle qui désole le Mexique ne m'ayant pas permis de gagner la côte de l'Océan pacifique, j'ai dû m'occuper surtout du Plateau et de son versant oriental. Je regrette d'autant plus l'impossibilité où je me suis trouvé de visiter la côte occidentale, que les deux versants de la Cordillère obéissent à des lois physiques différentes, qu'il eût été intéressant de comparer. L'état lamentable, dans lequel cette guerre civile, sans cesse renaissante, avait plongé le pays, m'a aussi empêché de visiter un grand nombre de points du plateau et du Mechoacan que j'eusse désiré voir ; car les routes avaient fini par être barrées de tous côtés, et il n'était possible de circuler qu'au péril de ses jours, à moins de consentir à se lais-

ser complétement détrousser dès les premiers pas. Il y a donc
beaucoup de lacunes dans l'esquisse que j'ai désiré tracer, et
le titre de ce mémoire pourrait paraître un peu trop général ;
mais je n'ai pas cru devoir le changer, parce qu'en plusieurs
occasions j'empiète sur le versant occidental et que, d'ailleurs,
j'aurai lieu de parler de diverses observations, faites sur des
points que je n'ai pu visiter, particulièrement de celles qui sont
dues à mon ami, M. F. Craveri, lequel fut chargé d'une mis-
sion dans le Golfe de Californie pendant mon séjour en Amérique.

Les personnes qui ont visité le Mexique trouveront peut-être
que j'énonce d'une manière trop absolue les faits et les opi-
nions que cette notice prétend exposer. Je sens bien toute la
portée de ce reproche, mais il m'est difficile de l'éviter, obligé
que je suis de pousser un peu loin la généralisation, afin de
n'esquisser que les plus grands traits de l'hydrologie mexicaine, sans tomber dans les détails fastidieux qui appartiennent
plutôt à l'étude des localités. Un pays aussi varié que le Mexique, et placé dans une situation aussi particulière, offre naturellement une infinité d'accidents de toutes sortes, qui créent
partout des incidents spéciaux propres à troubler les lois générales. J'ai négligé un grand nombre de ces exceptions qui s'op-
poseraient à toute généralisation si l'on devait s'attacher à
chacune d'elles, et j'en ai omis un nombre bien plus grand
encore par l'ignorance de ces détails locaux qui échappent au
voyageur. D'ailleurs, on est loin encore de posséder assez de
faits relatifs à la conformation de ce pays pour que la généralisation puisse se faire avec une parfaite confiance. Les lois
formulées dans ce travail ne sont donc, pour ainsi dire, que
des termes moyens qu'il faudra modifier dans un sens ou dans
l'autre, suivant les indications dictées par des observations
spéciales ; qu'il faudra, en un mot, après des recherches plus
approfondies, ramifier ou scinder. J'ai cru devoir poser ces
réserves avant d'entrer en matière, parce qu'il est assez d'u-

sage de déclarer faux tout énoncé général qui pèche, en plus
ou en moins, sans tenir compte du fait que ces énoncés sont
toujours des abstractions, auxquelles on ne peut s'élever qu'en
négligeant certains détails ; des moyennes plus ou moins cor-
rectes, où il faut chercher ce qu'il peut y avoir de vrai, sans se
butter à ce qu'elles peuvent renfermer de défectueux.

Je dois dire aussi que cet aperçu de quelques traits physiques
du Mexique ne contient des observations ni assez nombreuses,
ni assez précises pour vider aucune question ; j'espère néanmoins qu'il donnera une idée de la nature du pays, dont les
traits les plus généraux ont été si habilement tracés par Humboldt [1].

Enfin j'ajouterai que, ce travail étant destiné à des lecteurs
de tout genre, comme l'indique, du reste, le titre du recueil
dont il est extrait, j'ai cru convenable d'y laisser une certaine
part aux principes de science générale ; il s'y trouve donc bien
des détails qui paraîtront superflus aux hommes de science,
mais qui m'ont semblé nécessaires pour faciliter l'intelligence
du sujet à toute une classe de lecteurs.

[1] En lisant les pages qui suivent, les voyageurs pourront se faire
un agenda propre à les guider dans l'étude des questions qui y
sont soulevées et dans la vérification des faits qu'un voyage rapide
m'a seulement permis d'entrevoir d'une manière plus ou moins
juste.

INTRODUCTION.

L'état hydrographique d'un pays dépend avant tout de la chute des pluies, de la quantité d'eau qu'y verse l'atmosphère et de la manière dont elle s'abat. La configuration du sol sur lequel se répandent les eaux et sa structure intime, sont ensuite les causes les plus directes de leur distribution. Ce dernier élément imprime à l'hydrologie de chaque contrée un cachet spécial. Les vallées servent de lit aux rivières ; les enfoncements suivis de contre-pentes deviennent les bassins des lacs. Ainsi, la nature orographique d'une région règle en grande partie le nombre et la direction des cours d'eau, la situation des réservoirs, etc. De l'altitude des montagnes dépendent en partie la quantité d'eau tombée, son mode d'écoulement ou d'emmagasinement. La structure intime, lorsqu'elle est compacte, s'oppose aux infiltrations et favorise un rapide écoulement superficiel, tandis que les terrains poreux, les roches crevassées, ou un sol bouleversé par des convulsions géologiques, absorbent des quantités d'eau prodigieuses qui sont ensuite rendues par les sources ou qui suivent sous terre leur progression naturelle vers l'Océan.

Plusieurs causes concourent à régler l'ordre de la chute des eaux, ou contribuent à la modifier suivant les diverses régions de notre globe. On peut dire, généralement parlant, que les pays de montagnes sont toujours bien arrosés, parce que les éminences de la surface terrestre servent de condensateurs à l'humidité de l'air. Des contrées plates et maritimes peuvent sans doute dans certaines circonstances être plus humides que telles régions montagneuses, à cause de la proximité de la mer et de la constance des vents humides ; mais le fait général n'en subsiste pas moins. La succession des saisons qui règle les météores aqueux, devient par cela même le souverain modérateur des fleuves. Elle obéit à des lois, variables selon les latitudes et la nature des lieux, mais suffisamment fixes dans chaque région pour être appréciées avec netteté et pour que leurs effets se produisent avec une périodicité immuable sur les artères du continent, dont elles font augmenter ou diminuer les pulsations suivant la résultante de leurs effets. Tantôt la précipitation simultanée sur tout un continent fait déborder les fleuves sous l'influence de l'universalité des pluies; tantôt les effets contraires des diverses régions établissent une sorte d'équilibre entre la surabondance des eaux et leur trop grande pénurie. Enfin l'action des autres météores et principalement des vents, provoqués par des causes telluriques générales ou locales, a un effet très-grand aussi sur le jeu des eaux, en apportant un certain trouble dans l'ordre régulier des pluies propre à chaque latitude.

L'hydrologie tout entière d'un pays n'est presque que la résultante dynamique, infiniment compliquée, de ces trois composantes combinées, dont les deux dernières sont actives et la première purement passive. La contemplation de ce grand courant, du cercle perpétuel que décrivent les eaux depuis le moment où elles quittent l'Océan pour se répandre dans l'atmosphère et se verser sur les continents, jusqu'à celui où elles reviennent à la mer par le canal des fleuves ou par des voies secrètes, suivant une marche infiniment variée, portant dans chaque pays un cachet spécial, présente un des aperçus les plus poétiques sur les infinies combinaisons auxquelles se prêtent les lois immuables qui règlent l'ordre de la nature.

En nous attachant à exposer cet ordre pour le continent du Mexique, nous serons entraîné à étudier aussi quelques-uns des effets physiques de la chute et de l'écoulement des eaux, bien qu'ils ne soient pas compris dans le cadre de l'hydrologie ; car tout s'enchaîne dans la nature et il n'est pas un effet qui ne devienne à son tour la cause de phénomènes aussi nombreux et aussi complexes que ceux dont il est lui-même la conséquence.

Pour plus de clarté je diviserai cet exposé en trois parties. Dans la première je développerai la manière dont les trois circonstances qui viennent d'être indiquées agissent au Mexique dans la précipitation des

eaux et j'envisagerai le sujet au point de vue météorologique. Dans la seconde je m'attacherai à décrire
l'écoulement des eaux, ainsi que les effets d'érosion
que cet écoulement entraîne. La troisième partie
aura plus particulièrement pour but l'étude des lacs
et de diverses circonstances qui s'y rattachent.

Mais avant d'entrer dans le détail de cette analyse,
il est nécessaire de faire connaître d'une manière
succincte comment se présentent au Mexique les trois
ordres de faits qui sont les causes et les régulateurs
de l'hydrologie.

1º *Configuration orographique.* Le Mexique est un
triangle allongé, placé entre les deux Océans. La
partie méridionale surtout, étant très-étroite, participe fortement à l'humidité que l'atmosphère pompe
dans la mer.

La structure de ce pays a été si bien décrite par
Humboldt qu'il est inutile d'entrer à ce sujet dans de
grands détails. Cependant, malgré les descriptions
qu'on en a données, il s'est accrédité en Europe diverses erreurs qui tiennent évidemment à l'idée qu'on
se fait des montagnes de l'Amérique, en établissant
une fausse analogie entre elles et celles de l'Europe.
Il n'y a pas au Mexique de grandes chaînes dans le
sens que nous attachons à ce mot en Europe, ayant
surtout en vue les Alpes, les Pyrénées ou les Alpes
scandinaves. Le Mexique offre des plateaux ou des
gradins, plutôt que des chaînes de montagnes. [1]

[1] Je ne voudrais pas qu'on s'exagérât le sens de cette phrase.

Le centre du pays est occupé par un plateau tri-
angulaire qui s'élargit vers le nord, mais en s'abaissant, et suit la forme du continent. Au sud cette
table finit en pointe à quelque distance de Mexico,
avant d'atteindre l'isthme de Tehuantepec. Ce vaste
plateau descend de chaque côté vers l'Océan par une
série de gradins ou de terrasses coupés par des chaînons de montagnes et par des vallées qui donnent à
ses versants un aspect souvent analogue à celui des
vallées latérales de nos chaînes européennes. Comme
dans ces zones inclinées on rencontre des vallées et
des montagnes, on applique à ces versants le nom de
Cordillère, et ils rappellent en effet le versant d'une
grande chaîne, si l'on envisage les contreforts du
plateau dans leur ensemble, en considérant le plateau
comme une large chaîne. [1] Le versant oriental qui
nous occupera plus spécialement est de beaucoup le
plus incliné. Le versant occidental, qui tombe vers le
Pacifique, n'offre pas des gradins aussi bien marqués ;
il s'étend au loin et apparaît comme un vaste pays,
fort montagneux il est vrai, mais n'offrant pas des
sauts aussi brusques.

De chaque côté, le triangle du Mexique est bordé

On trouve au Mexique des chaînes secondaires, par exemple
celle de Guanajuato, la sierra de Cuernavaca, etc. J'entends
donc seulement que la Cordillère ne forme pas comme les
Alpes de grandes chaînes bien dessinées, mais plutôt des plaines élevées avec des montagnes isolées, ou de petites chaînes
qui surgissent de leur surface.

[1] Cette chaîne n'aurait que 8 à 9000 pieds d'altitude.

le long de l'Océan par des terres basses qui forment une bande étroite, n'ayant guère le long du Golfe que 10 à 20 lieues de largeur, dont le sol est tantôt uni, tantôt bosselé par les dernières ondulations de la Cordillère qui y viennent mourir. Le plateau lui-même court à peu près du nord au sud-est, mais il est semé d'une multitude de volcans[1] qui se prolongent à travers ses versants jusque sur les bords des deux Océans, et qui troublent l'ordre ci-dessus décrit par la multitude de changements orographiques que leur dispersion fortuite a engendrés. On distingue parmi ces volcans une série de cimes principales, disposées sur une ligne qui court est-ouest, et qui coupe par conséquent à angle oblique la direction de la Cordillère de soulèvement, qui suit le plateau dans le sens du méridien.[2] Plusieurs des grands cônes volcaniques sont assis sur le plateau même ; d'autres volcans plus petits chevauchent sur les contreforts des versants[3] ; d'autres enfin

[1] Je désigne par ce terme toute espèce de débordements de roches volcaniques.

[2] Car le plateau est surtout formé par la combinaison des *chaînes de soulèvement* de la Cordillère, courant NO.-SE. plutôt que par les volcans qui, en le complétant, ont fait disparaître l'aspect de chaines que la Cordillère offrirait sans leur intervention.

[3] Le pic d'Orizaba, le coffre de Pérote, le Pizarro, les Derrumbadas, le Popocatepetl, l'Iztaccihuatl, le cerro de Axusco, le Nevado de Toluca, etc.

[4] Ils sont innombrables ; le seul célèbre est le Jorullo, placé sur le versant occidental. On peut toutefois ranger dans cette catégorie le grand pic de Tancitaro.

s'élèvent des terres basses de la côte. [1] Mais tous ces volcans, quoique appartenant à un même système, puisqu'ils sont rangés sur une même ligne, ainsi que l'a montré Humboldt, ne doivent point être considérés comme formant une chaîne. Ce ne sont que des montagnes *isolées* s'élevant comme des cônes ou des masses *entièrement indépendantes*, séparées les unes des autres par des espaces de 10, 20, 30 lieues, et ils n'exercent à cause de cela qu'une très-faible influence sur la météorologie du pays. Le terme de *chaîne*, que l'on a trop souvent employé pour indiquer cette ligne de volcans, est pris dans un sens abstrait ou figuré et il a engendré en Europe une erreur fréquente. [2]

2º *Saisons et météorologie des latitudes.* — La différence entre les saisons n'est pas aussi fortement marquée sous le tropique que dans les hautes latitudes, pour ce qui concerne les extrêmes de température, et elle tend à s'effacer de plus en plus à mesure qu'on se rapproche de l'équateur. Dans certaines régions, les différentes parties de l'année se distinguent plutôt à d'autres signes qu'à ceux de la chaleur, et jouissent d'un climat assez uniforme pour qu'on puisse dire qu'il y règne un printemps

[1] Le volcan de Tuxtla ou San Martin, au sud de la Vera-Cruz, et le grand pic de Colima, sur l'Océan pacifique.

[2] Sur le plateau on rencontre des chaînes de montagnes secondaires, principalement celles qui courent E.-O., comme la sierra de Cuernavaca qui est bien une véritable chaîne; mais ce ne sont là que des dépendances du système de la Cordillère.

éternel. Il faut cependant en excepter les hautes altitudes qui, sans cependant tomber dans les extrêmes, offrent de plus grands contrastes que les plaines basses.

Les variations qu'amène la succession des saisons à la latitude de Mexico, quoique faibles, sont cependant suffisantes pour provoquer dans les météores aqueux des changements essentiels. En été, l'extrême chaleur de la journée entraîne les vapeurs à une grande hauteur et provoque chaque jour des pluies surabondantes qui font complétement défaut en hiver. Ce mode de distribution dans les météores, n'est du reste pas spécial au Mexique. Les deux zones parallèles à l'équateur qui terminent le tropique au nord et au sud, sont caractérisées sur tout le pourtour de notre globe autant par les pluies estivales, que par la sécheresse de l'hiver, et si le Mexique participe à cet état de choses c'est qu'il s'étend dans la ceinture septentrionale des pluies d'été.[1]

[1] Dans son tableau de la distribution des pluies à la surface du globe, M. Mühry partage notre globe en 6 zones, ou ceintures météorologiques qui sont : 1° La zone équatoriale des calmes où il pleut en toute saison. 2° La zone à double saison de pluies, commençant en avril et octobre ou novembre, déterminée par le double passage du soleil au zénith. 3° La zone des *pluies d'été proprement tropicales* (du 15e degré à 25° N.) dans laquelle s'étend la portion méridionale du Mexique qui nous occupera principalement. 4° La zone subtropicale des pluies d'hiver, où règne l'ordre inverse (de 25° à 45°), comprenant la moitié S. des Etats-Unis, la Barbarie, l'Espagne, etc. 5° Celle des pluies irrégulières en toute saison ou zone des nua-

Le peu de variation de la température dans les différentes parties de l'année, fait qu'il n'existe réellement dans ce pays ni printemps ni automne, mais seulement un été et un hiver, qui sont eux-mêmes moins caractérisés par la chaleur et le froid, que par la loi différente qu'ils impriment aux météores aqueux. Aussi l'instinct populaire a-t-il abandonné les termes usuels d'été et d'hiver, à cause de l'idée de chaud et de froid que ces termes impliquent dans la zone tempérée, et il les a remplacés par les dénominations plus rationnelles de saison des pluies, correspondant à l'été (*tiempo de Aguas*), et de saison sèche (*tiempo de Secas*). Ce partage de l'année en deux saisons est important à noter pour l'intelligence de ce qui va suivre, et forme l'une des bases essentielles de l'hydrologie mexicaine.

3º Courants atmosphériques influençant la météorologie générale.

Ces phénomènes sont régis par des causes fort éloignées qu'il faut aller chercher dans les plaines du nord d'une part, et sous l'équateur de l'autre.

Pendant l'hiver, l'extrême échauffement des régions équatoriales, le refroidissement égal des zones tempérée et arctique, rompent sans cesse l'équilibre atmosphérique et provoquent des courants du nord

---

ges (de 45° à 65°). 6º Enfin la zone circumpolaire, à hiver dépourvu de pluies et à été pluvieux. Ces mêmes zones se répètent dans l'hémisphère austral. (Voyez *Petermann's Mittheil.* 1860. p. 1.)

vers le sud qui donnent lieu à des vents d'une extrême violence, et très-fréquents pendant la saison d'hiver. En même temps que l'air s'écoule vers les basses latitudes où la vitesse de rotation du globe est plus grande, son inertie fait qu'il dérive vers l'ouest, c'est pourquoi ces vents soufflent en général du nord-nord-est ou du nord-est, mais ils sont néanmoins connus sous le nom de *Nords* (*Nortes*). Toutefois le *norte* ne domine que dans le golfe du Mexique et sur la côte orientale. Il règne aussi sur le plateau, mais non sur la côte du Pacifique, ni même sur le versant occidental du plateau. A Guadalajara par exemple, ce vent n'est déjà plus sensible.

Les vents du nord exercent sur la météorologie du Mexique oriental et sur les phénomènes hydrologiques une influence considérable. Ce sont les *norte* qui amènent toutes les irrégularités dans la distribution des pluies et de la chaleur. C'est d'eux que dépend essentiellement la climatologie du Mexique, et leur suppression provoquerait de telles perturbations dans les météores et le climat de ce pays que la végétation changerait probablement du tout au tout, sur le versant du moins qui s'abaisse vers l'Océan atlantique. Cette contrée prendrait un aspect plus tropical encore et la sécheresse absolue de l'hiver, remplaçant dans certaines régions une humidité perpétuelle, ferait disparaître un grand nombre de plantes, transformerait les forêts et écarterait sensiblement les limites extrêmes entre les hautes et les basses eaux des fleuves, leur donnant ainsi un caractère presque torrentiel.

Tels sont les trois ordres de faits qui règlent l'hydrologie du Mexique. Nous ne faisons ici que les indiquer en quelques mots pour ne pas tomber dans le domaine des faits purement météorologiques. Dans le chapitre premier je chercherai à développer quels sont les résultats de leur influence combinée.

Aspect hydrologique du Mexique. — Une partie de ces effets complexes se devine déjà à première vue par la simple inspection du pays. La végétation est en cette matière l'un des guides les plus certains à consulter ; c'est le symptôme infaillible de l'état hygroscopique d'une contrée, celui qui contribue le plus à lui donner son cachet. L'aspect de chaque région est donc un utile auxiliaire pour la prompte appréciation de phénomènes qui exigent en général une longue suite d'observations. La recherche de l'état des couches superficielles du sol sert de complément à cette étude préparatoire et donne lieu à de nombreuses conclusions. Enfin le nombre, la distribution des lacs et des rivières, fait préjuger de l'excès d'humidité superficielle qui règne dans chaque district.

Si l'on examine le pays à ce point de vue purement intuitif, on verra que le Mexique offre dans son ensemble une série de régions qui se distinguent chacune par la variété étonnante de la nature du sol, du climat et de la distribution des météores. Mais au milieu de ces régions tranchées, d'un aspect plein de contrastes, on est surtout frappé de la différence essentielle qui règne entre les terres de la côte et les plaines du plateau. Quoique très-rapprochées, ces deux portions d'un même pays diffèrent du tout au tout, non-seulement par le climat et l'aspect de la végétation qui en est la conséquence, mais aussi par celui de leur composition intime et des circonstances physiques qui les régissent. Sur le versant de la Cordillère voisin de la côte et sur une portion de la bande étroite qu'enferment les montagnes et la mer, zone que l'on pourrait nommer *maritime*, une quantité d'eau extraordinaire ne cesse de se précipiter pendant la plus grande partie de l'année, et y entretient une humidité perpétuelle. Pendant la saison des pluies qui a lieu en été, des chutes d'eau surabondantes, alliées à la nature argileuse du sol, transforment certaines étendues de pays en une espèce de marais boisé. Même pendant l'hiver qui est la saison la plus sèche, les forêts ne cessent ni de verdir sous l'influence d'une humidité modérée, ni d'être sillonnées par des ruisseaux vivifiants. Sur le plateau, au contraire, le sol, nu et poudreux dans presque toute son étendue, rappelle plutôt les steppes de l'Asie ou les sables de l'Afrique. Il ne permet aux plantes de végéter que pendant quelques mois pluvieux, et il retombe aussitôt après dans cet état de mort et de sécheresse qui lui donne son aspect désolé. Ces deux natures contraires forment les deux tableaux extrêmes de cette série de petites zones si heureusement graduées de-

puis les rives torrides de l'Océan, jusque sur les flancs
neigeux des plus grandes montagnes de l'Amérique
boréale.

La différence essentielle entre ces deux régions
tient donc autant à l'humidité extraordinaire de l'une
qu'à la sécheresse trop forte de l'autre. Grâce à sa
structure et à l'élévation de son niveau, à sa situation
et à son climat, chacun de ces territoires jouit d'un
caractère spécial dans le jeu de ses eaux et dans leur
distribution générale ou partielle. Chacun possède
ses fleuves ou ses ruisseaux, ses réservoirs, ses lacs
accidentels ou normaux, périodiques ou permanents,
empreints d'un caractère presque toujours le même
dans les districts qui font partie des mêmes zones
physiques. Il en résulte que l'hydrographie du Mexique offre un immense intérêt par la multitude des
points de vue auxquels elle s'adresse. Le géographe,
le géologue, l'artiste, chacun y trouve sa part, et je
dirais même l'historien ; car l'histoire du lac de Mexico fait partie intégrante de celle du Nouveau-
Monde.

Dans la zone tout à fait maritime, les lacs ne sont
presque que des golfes de forme bizarre, dont l'entrée
est si étroite que l'eau de la mer a quelque peine à se
mêler à celle des ruisseaux qui s'y versent. Mais à
mesure que le niveau du sol s'exhausse pour former
les premières pentes de la Cordillère, il donne lieu à
des accidents de terrain plus ou moins variés. Bientôt on voit se dessiner des croupes allongées qui en-

serrent des vallées inclinées vers la côte, ou ces fentes, résultat de déchirures profondes du sol, au fond desquelles des torrents ramifiés roulent leurs flots rapides vers les plaines maritimes. Toute cette zone du versant oriental de la Cordillère, offre une pente trop marquée et trop simple pour que les eaux y soient jamais arrêtées dans leur cours; c'est plus avant, à mi-côte du plateau, là où une série de plis, alternativement soulevés et excavés, créent des hauts et des bas multiples et complexes, c'est là, dis-je, que les bassins naturels peuvent se rencontrer et que des inégalités dans le sol des vallons élèvent aux rivières qui les arrosent des barrières capables de donner naissance à des lacs. Néanmoins ces derniers ne sont pas abondants, parce que les irrégularités de pente apparaissent elles-mêmes rarement, à cause de l'extrême simplicité de l'inclinaison du pays, et de sa régularité géographique. Enfin, lorsqu'on atteint le plateau, on trouve un sol uni, sans déclivité marquée d'un côté ni de l'autre, donc souvent aussi sans écoulement, et c'est là surtout que les eaux doivent séjourner, se rassembler dans les lieux bas et donner, plutôt que partout ailleurs, naissance à des flaques d'eau. C'est en effet sur le plateau que se voit le plus souvent cet accident: néanmoins il est bien moins général qu'il ne pourrait l'être et cela pour des raisons que nous développerons plus bas.

Le Mexique passe pour un pays assez sec. Il ne possède qu'un seul grand fleuve, le Rio Bravo del

Norte; ses rivières sont d'un parcours peu considérable, elles sont peu nombreuses et, sur le versant occidental, pour la plupart, assez petites. De grandes étendues de pays y manquent d'eau d'une manière déplorable. Au premier abord ceci paraît singulier, puisque cette partie de l'Amérique ne forme qu'une bande relativement étroite, placée entre deux Océans, et que d'ailleurs elle est hérissée de hautes montagnes, couvertes de neiges éternelles. Néanmoins rien n'est plus facile à expliquer, lorsqu'on s'est rendu compte de la nature de cette partie du continent américain. En effet, il n'y a réellement de sec au Mexique que le plateau, mais il ne faut pas oublier que celui-ci occupe un espace très-considérable, surtout vers le nord, où il s'élargit en se prolongeant. Les deux versants de cette région élevée sont au contraire verdoyants et bien arrosés, mais comme la plupart des rivières n'ont leur source que sur ces mêmes versants, leur parcours est nécessairement très-limité. La brièveté même de leur cours fait qu'elles restent relativement petites, parce qu'elles vont noyer leurs eaux dans la mer, sans avoir pu se réunir et composer, par la confusion de leurs contingents, des fleuves considérables, comme ceux qui descendent des grandes plaines du nord et qui, avant de se perdre dans la mer, fertilisent de leurs eaux des contrées immenses. Néanmoins nous verrons par la suite que cette petitesse des rivières est plus apparente que réelle, qu'elle est seulement relative à la grandeur d'autres fleuves des

deux Amériques et que, absolument parlant, ces cours
d'eau sont bien plus considérables que ne pourrait
le faire supposer la simple inspection de la carte.
Ceci suffira pour montrer que si certaines parties du
Mexique sont fondamentalement sèches, d'autres
appartiennent au contraire aux régions les mieux ar-
rosées de notre globe.

PREMIÈRE PARTIE.

DE LA CHUTE DES EAUX.

CHAPITRE Iᵉʳ.

CONSIDÉRATIONS SUR L'ATMOSPHÈRE DU MEXIQUE
ET LES MÉTÉORES AQUEUX. [1]

La loi météorologique du tropique, est sous un
certain point de vue, l'inverse de la nôtre. Elle offre
de grands extrèmes entre l'humidité et la sécheresse
des saisons, mais seulement de faibles oscillations
dans la température, soit entre le jour et la nuit, soit
entre l'été et l'hiver. Sous la latitude des Alpes, au
contraire, l'humidité est plus également répartie sur
toute l'année, mais les extrêmes de température sont
beaucoup plus éloignés.

La distribution des pluies sous les tropiques ne
permet pas aux eaux de condensation de s'écouler
de la même manière que dans nos Alpes, et il en ré-

[1] Voyez la carte du plateau et de la partie orientale du
Mexique, ainsi que la note V qui la concerne.

sulte des différences marquées dans la nature des cours d'eau. La périodicité des pluies imprime souvent à l'écoulement un caractère torrentiel. Telle rivière dont le lit n'est humecté pendant l'hiver que par des filets insignifiants, devient dans la saison des pluies un fleuve qui défie les efforts de l'homme, qui déracine les plus grands arbres des forêts et entraîne vers la mer des flots de terre arrachés au sol du continent.

Au Mexique, la grande et large Cordillère [1], qui semblerait devoir servir de réservoir aux eaux du ciel, après avoir provoqué la condensation des vapeurs de l'Océan, ne remplit que très-imparfaitement cette fonction. La majeure partie de l'étendue soulevée est occupée par le *plateau*, surface ondulée ou unie, en général dépourvue de végétation arborescente, n'ayant dans plusieurs parties de son étendue que peu d'écoulement superficiel, comme sur le plateau de Puebla, sur celui de Toluca, etc., n'en ayant même aucun dans quelques autres, comme la vallée de Mexico. Sur les portions déclives du plateau, les eaux glissent rapidement et disparaissent presque instantanément, faute de végétation pour les retenir; sur les étendues planes, elles s'infiltrent dans un sol très-poreux et la quantité qui n'est pas absorbée s'évapore presque aussi vite qu'elle est tombée. L'eau qui pénètre en abondance dans le sol, s'enfonce à de grandes profondeurs et ne profite pas aux plaines

---

[1] En envisageant comme telle toute la bande montagneuse ou élevée, y compris le plateau.

qui l'ont absorbée, comme l'humidité qui s'emmagasine à l'ombre des forêts, et dont une bonne proportion se maintient à la surface du sol ou s'égoutte dans les ruisseaux des plaines environnantes. Cette eau qui s'engloutit dans des couches perméables plus ou moins profondes, alimente ensuite les innombrables sources des versants du plateau ; mais ces régions sont à proportion peu étendues et seraient d'ailleurs suffisamment humectées par l'effet direct des météores.

La masse du plateau forme donc bien, si l'on veut, un magasin d'eau souterrain, mais cela n'a lieu qu'au propre détriment de sa grande surface. Les pics élevés dont les croupes et les dômes majestueux sont couronnés de neiges éternelles, ne jouent pas non plus le même rôle que les hautes montagnes de l'Europe. Ces géants ne forment point les chaînes hardies que nous admirons dans les Alpes suisses et scandinaves, magasins inépuisables de neiges et de glaces, où les eaux d'une saison viennent s'entasser, pour se verser pendant le reste de l'année avec régularité et parcimonie sur les plaines de notre continent. Ce sont seulement quelques colosses isolés, trop faibles glacières pour entretenir l'humidité d'une aussi vaste étendue de pays. Enfin, sous le ciel du tropique, les hautes montagnes, envisagées au point de vue hydrographique, sont loin de produire des effets aussi bienfaisants que sous la zone tempérée ; et, si l'on compare la météorologie des Alpes à celle

des pics de la Cordillère, on trouvera une différence
marquée. Chez nous, les neiges s'accumulent en
grande abondance en hiver dans les hautes régions
pour fournir de l'eau en été, seule saison où son besoin se fasse sentir. Mais au Mexique, c'est en été que
la plus grande masse d'eau s'abat sur les montagnes,
ce qui provient du fait que, sous cette latitude, la saison des pluies tombe sur l'été. Les eaux des hautes
régions s'écoulent alors en masse vers les plaines, précisément à l'époque où elles deviennent nuisibles au
lieu d'être utiles : car durant cette partie de l'année,
presque chaque jour voit éclater un orage et l'on ne
peut se plaindre partout que de la surabondance de
l'eau, tandis qu'en hiver où les plaines sont à sec, les
hautes montagnes n'en fournissent que des quantités
insignifiantes.

Tout est donc combiné dans les météores du Mexique pour produire des extrêmes d'humidité et de
sécheresse. Ces extrêmes sont encore exagérés sur
le plateau par la nature du sol, comme nous le verrons plus bas; mais ils deviennent d'autant moins
sensibles qu'on s'éloigne de cette région et qu'on
pénètre dans les vallées qui s'abaissent vers la côte
et où une luxuriante végétation emmagasine sous
l'ombre de ses forêts le superflu des orages de l'été.

Distribution des pluies et état atmosphérique des différentes régions pendant les saisons.

Il n'y a guère, comme nous l'avons dit, que deux saisons au Mexique; l'été et l'hiver, ou plutôt la période des pluies et celle de la sécheresse. Ces deux saisons se succèdent brusquement, presque sans aucune transition et souvent sans grand changement dans la température.

Les météores aqueux obéissent sous les tropiques à des lois si régulières que Humboldt a proposé de prendre cette région comme le point de départ de la météorologie. Si donc le Mexique, au lieu d'offrir un sol accidenté, était un pays plat, comme l'immense étendue des États-Unis, à l'est des Montagnes rocheuses, il est à présumer que les pluies y auraient une grande régularité. Nul doute que l'irrégularité qu'on y observe, tient essentiellement à la conformation particulière de ce pays élevé par rangs de terrasses. Dans les régions plus ou moins basses, qui se nomment *terres chaudes* ou *tempérées*[1], et dont le

[1] Ce qu'on appelle *terres tempérées* (*tierra templada*) sont les districts un peu moins chauds que la zone maritime, dans lesquels on cultive la canne à sucre et le bananier, comme par exemple la vallée de Cordova et les terres chaudes de la province de Mexico, Cuernavaca, etc. Toutefois il règne assez de vague dans cette expression, car on désigne aussi sous le nom de *terres tempérées* les régions plus élevées, comme celle d'Orizaba où le bananier et la canne ne réussissent pas bien. Au point de vue physique il serait plus convenable de nommer

climat est franchement tropical, la régularité se conserve néanmoins d'une manière frappante. Ainsi sur

terre chaude (tierra caliente) non-seulement la côte, mais
aussi le premier gradin de la Cordillère où croissent toutes les
productions tropicales, comme celui de Cordova par exemple,
qui se distingue peu de la côte, soit par sa faune, soit par sa
flore, et de réserver le nom de *terres tempérées* pour les régions
qui forment le second gradin de la Cordillère et dont le climat
est intermédiaire entre celui des régions *froides (tierra fria)*
du plateau et le climat franchement tropical des districts moins
élevés. Ainsi, la région tempérée serait celle où la canne à
sucre ne peut plus être cultivée avec succès, mais où le bananier continue à végéter, comme la vallée d'Orizaba et celle de
Mextitlan par exemple. Cette division serait d'autant plus naturelle que la température moyenne de certaines portions de
la côte très-exposées au vent du nord, quoique censées *terre
chaude*, est peut-être moins élevée que celle de certains districts, censés tempérés, parce qu'ils sont situés dans l'intérieur
des terres. Mais, comme nous venons de le dire, ces expres-
sions n'ont rien de bien fixe dans l'emploi qu'on en fait dans
le pays. Elles n'ont souvent qu'une signification relative ; ainsi
sur un plateau froid, on nomme *terre chaude* les vallées plus
basses qui sont encore tempérées. A Regla par exemple, qui
est en terre froide, on classe la vallée de Mextitlan parmi les
terres chaudes, quoique celle-ci soit éminemment tempérée.
Galeotti[1] a partagé les étages du Mexique en quatre régions
principales, divisées en sous-régions botaniques nombreuses.
Ses deux premières régions et la quatrième correspondent aux
trois zones admises par le vulgaire ; la troisième est une petite
région intercalée que distinguent seuls les botanistes. Mais je
crois qu'il est en même temps plus naturel et plus commode
de réunir, comme je le fais ici, la zone côtière au premier gradin
des terres tempérées chaudes, car si les productions de la côte
s'éloignent essentiellement de celles de ce gradin, cela tient
plutôt à la nature sablonneuse et aride du sol qu'à un climat
éminemment différent. Il est d'ailleurs très-commode de se

[1] Comptes rendus, 1844, p. 497.

la côte du golfe et sur la bande voisine qui forme le versant du plateau, la saison des pluies offre le spectacle de ces orages presque journaliers, caractéristiques de l'été tropical. Mais dans les autres régions il n'en est plus ainsi et les exceptions à la règle sont assez constantes pour qu'on puisse les ériger en loi.

On doit distinguer au Mexique deux catégories principales de pluies : d'une part, les pluies tropicales et régulières de l'été ; de l'autre, les pluies irrégulières et anomales de l'hiver. Les premières sont la conséquence naturelle des saisons et s'abattent sur l'universalité du pays ; les secondes ont leur source dans la configuration orographique de la contrée et n'atteignent que les régions montagneuses. Chacune de ces catégories donne lieu à des variétés dans la manière dont elle apparaît sous les diverses zones physiques (ou orographiques) du pays, comme nous allons chercher à l'expliquer d'une manière générale, sans avoir égard, comme bien s'entend, aux cas exceptionnels qui, dans une étude aussi complexe que celle de la météorologie, ne peuvent manquer de se présenter, sans que pour cela ils infirment la règle.

1º *Pluies d'été.* — Rien n'est plus régulier que les pluies de l'été dans les portions du Mexique dont le sol bas conserve tout le caractère tropical de leur la-

laisser guider, comme je le fais ici, par des plantes aussi universellement répandues et aussi caractéristiques que le bananier et la canne à sucre.

titude. Dans cette saison, le soleil se lève radieux chaque matin et prend sa course dans un ciel du plus beau bleu ; puis vers midi, un petit nuage apparaît au-dessus des cimes du Popocatepetl, du Citlaltepetl ou du pic de Tancitaro ; il grossit assez rapidement, enveloppe les croupes les plus élevées des montagnes secondaires et va croissant en largeur. En même temps le ciel perd la teinte foncée de son azur, il blanchit graduellement et finit par passer au gris de plomb ; enfin, vers les trois heures, le tonnerre gronde dans les montagnes et il éclate une trombe de pluie, accompagnée de violents coups de tonnerre, qui, pendant une heure environ, verse des flots d'eau sur toute l'étendue du pays. Ensuite, l'orage se calme presque subitement, les nuages se dissipent et, à l'entrée de la nuit, les astres apparaissent resplendissants sur un ciel sans tache.

Tel est l'ordre normal qui régit l'atmosphère pendant la saison des pluies ; il est conforme à ce qui s'observe presque partout sur les limites, mais en dedans de la zone torride ; toutefois, cet ordre ne se maintient sans trouble que sur la côte ou dans les terres basses, là où les influences variables des accidents terrestres sont encore peu sensibles. Il disparaît peu à peu à mesure qu'on s'élève sur la Cordillère. Déjà sur le premier gradin on voit des exceptions plus ou moins nombreuses à la règle, et elles augmentent lorsqu'on gagne les régions plus éloignées de la mer où l'inégalité des niveaux, les vallées et les montagnes refroidissent l'atmosphère à des degrés divers et changent la direction des vents.[1]

La transition de l'hiver à l'été a lieu dans les mois de mai, juin ou juillet, selon les localités, et elle est en général très-brusque. Lorsqu'elle se prépare, on voit pendant quelques jours les vapeurs s'amasser autour des montagnes élevées et « il essaie de pleuvoir, » comme on dit vulgairement. Quelques éclairs brillent dans les nuages pelotonnés autour des hautes cimes et pendant un ou plusieurs jours on voit des orages fondre sur les flancs des montagnes, sans toutefois réussir à s'étendre sur la plaine, souvent même sans humecter le sol; car les gouttes qui se sont formées à de grandes altitudes se dissolvent fréquemment en tombant à travers des couches d'air qui ne sont point encore arrivées à saturation. Examinés de loin, ces orages précurseurs offrent donc quelquefois le phénomène d'une pluie purement aérienne; mais ce ne sont là que les premiers changements dans les météores et le triomphe des orages estivaux arrive infailliblement dans les jours qui suivent. En général, ils ne sont pas immédiatement quotidiens. Sur le plateau surtout, après une semaine d'orages journaliers, on voit un retour de beau temps qui dure une ou deux semaines. C'est dans un intervalle de ce genre qui se prolongea six jours, que j'ai fait avec M. Peyrot l'ascension du Popocatepetl, le 17 mai 1855; mais déjà le lendemain, les

---

[1] De 3 à 5000 pieds d'élévation.

orages reprirent leur cours régulier et ils se renou-
velèrent ensuite sans interruption chaque jour.

Sur le plateau on voit cesser, avec les productions
tropicales, la régularité des pluies. Toutefois dans la
vallée de Mexico et sur les parties planes de cette
terrasse de la Cordillère, l'ordre régulier persiste, mais avec diverses modifications, et il est
étonnant de voir jusqu'à quel point les influences
locales modifient la loi générale. Presque chaque
plaine ou chaque bassin du plateau a sa règle particulière ; mais avec ce trait commun que la saison
des pluies s'y déclare à une époque plus tardive
que dans les terres chaudes. Dans la plaine de la
Puebla, je l'ai vue se préparer à la fin de mai et
s'établir seulement au commencement de juin. Dans
le bassin de Mexico, la saison des pluies comprend
les mois de mai à septembre inclusivement, mais la
grande intensité ne règne guère que pendant les mois
de juin, de juillet et d'août. Durant ces mois d'été,
il éclate un orage, deux ou trois fois par semaine, souvent même presque tous les jours. Cet orage vient en
général du nord-est, il dure ordinairement une demie
heure ou trois quarts d'heure ; le plus souvent il arrive entre midi et trois heures ; mais à Mexico, j'ai
fréquemment vu la pluie tomber à une heure plus
avancée[1]. Dans la plaine de Pérote qui est un peu

[1] Malgré la fréquence des orages, il tombe dans les plaines
du plateau une quantité d'eau infiniment moindre que sur son
versant oriental, dans les terres chaudes et tempérées. Cela

plus élevée (7 à 7,500 pieds), surtout vers les montagnes dites *Derrumbados*, les pluies sont moins persistantes ; on y observe le plus souvent une sécheresse
absolue de 8 mois sur 12. Enfin la région de Tehua-
acan est encore plus sèche et l'on m'a assuré qu'on
aurait vu s'écouler une période de quatre années presque sans une goutte de pluie.

Les grands volcans couverts de neiges éternelles
qui s'élèvent isolément au-dessus des plaines du plateau, subissent les mêmes orages que les plaines environnantes ; mais dans les altitudes qui dépassent
13000 pieds, la pluie tombe souvent sous forme de
neige ; cela arrive même à 11 ou 12000 pieds au
début et à la fin de la saison humide. En 1855, à la
fin de mai je voyais encore, chaque jour après l'orage,
le Popocatepetl entièrement couronné de neige, jusqu'au-dessous de la limite de la végétation arborescente. Là, la neige s'arrêtait à une ligne horizontale
qu'on aurait dit tracée à la règle. Mais ce ne sont là
que des neiges basses de peu de durée. La chaleur
qui succède à l'orage les fait fondre et elles disparais-

provient, soit de l'altitude qui diminue la force des pluies et
leur fréquence en été, soit de la longue durée de la saison sèche des régions élevées, saison qui fait défaut sur le versant.
En comparant les données consignées dans les tableaux de la
note III (voyez à la fin du chapitre), on trouve qu'il tombe dans
la Cordillère à peu près six fois plus d'eau que sur le plateau
et que pendant chacun des mois de juin, juillet, août et septembre, il tombe sur ce versant autant d'eau que pendant toute
l'année sur le plateau.

sent dans la soirée pour reparaître après l'orage du
lendemain. Au mois d'août, au sommet du Nevado
de Toluca, je n'ai vu tomber que fort peu de neige,
mais beaucoup de pluie et de grésil.

Si l'on quitte les plaines du plateau et les grands
volcans qui n'y forment que des éminences isolées,
pour s'enfoncer dans les régions accidentées et montagneuses du Mechoacan ou dans la partie occidentale de l'État de Mexico, on voit les vapeurs de
l'atmosphère se condenser contre les flancs des montagnes et couvrir quelques districts d'un brouillard
épais qui dure des journées, quelquefois des semaines
entières, et qui laisse sans cesse échapper une pluie,
tantôt fine et pénétrante, tantôt forte et orageuse.
Dans le massif des montagnes de Real del Monte, au
nord de la capitale [1], le brouillard et la pluie règnent
nuit et jour par intervalles, pendant toute la saison
d'été. Lorsqu'il ne pleut pas d'une manière constante, la pluie alterne avec le soleil, souvent plusieurs
fois par jour.

Ces faits sont assez faciles à expliquer. En effet,
pendant l'été, la force de l'insolation durant la matinée, surtout vers midi, provoque des courants ascendants qui entraînent la vapeur d'eau dans des
régions très-élevées où elle se condense brusquement.
L'heure où survient la précipitation varie avec la saison et les lieux. En général, c'est vers 2 ou 3 heures,
mais souvent aussi plus tard, vers 3 ou 4 heures,

[1] A près de 10,000 pieds d'élévation.

et on peut se demander si dans ce cas ce n'est pas
l'abaissement du soleil et le refroidissement des régions supérieures qui complètent la sursaturation.
On voit ordinairement les premiers nuages se former
autour des cimes les plus élevées et les plus froides
avant de s'étendre sur la voûte des cieux. Comme
l'air se refroidit plus vite dans le voisinage des neiges
des hautes montagnes que dans les régions de l'atmosphère qui ne sont pas en contact avec la terre, et
que d'ailleurs l'état électrique s'y décharge plus facilement, c'est autour de ces cimes que doivent gron-
der les premiers tonnerres. La violence de ces *aguaceros* et leur spontanéité s'expliquent suffisamment
par la grande chaleur de la journée, puisqu'une atmosphère saturée à 30° peut verser 14 fois plus
d'eau que la même atmosphère saturée à 10°[1]. Il faut
remarquer de plus que ce qui détermine surtout la
violence des pluies d'été, c'est la hauteur exception-

[1] Voici quelques chiffres qui fourniront un exemple de l'humidité relative qui règne en été. Les fractions de saturation
sont calculées d'après les observations thermométriques du père
Cornette[1], au moyen de la formule $E = é - 0{,}000804\,(t - t')\,h$.
(La **hauteur** moyenne de la colonne barométrique h étant déduite de l'altitude.)

Août	Altitude mètres.	Heure	Thermom. sec.	Thermom. humide	H^r. barom. moy. en millim.	Fraction de Saturation
27. Rio Frio. (Mont. du Plateau.)	3196	midi.	18°	16°	0,526	0,48
28. Orizaba (dans la Cordilière)	1220	3 h. m.	17°, 2	16°	0,660	0,89
28. id.	id.	8 h. s. après l'orage.	20°, 9	17°,7	0,660	0,74
30. Vera-Cruz (bord de la mer).	10		moy. 27,7	moy, 25,1	moy. 0,759	0,79

[1] Voyage exécuté en 1858-59.

nelle à laquelle s'élèvent les vapeurs réchauffées, pendant l'époque de l'année où le soleil arrive au zénith[1]. Chaque goutte perce en tombant une très-grande épaisseur d'air et en traversant les couches plus basses de l'atmosphère, elle les refroidit et s'augmente par aggrégation de la condensation de ces couches saturées, au point d'acquérir une grosseur énorme, inconnue sous la zone tempérée[2]. Il n'est pas rare de

[1] Au-dessus de la vallée de Mexico, située déjà à une altitude de près de 7,000 pieds, on aperçoit en été des cirrhus à une hauteur du sol qui paraît encore extraordinaire, et infiniment supérieure à la cime du Popocatepetl. Par le beau temps, on observe quelquefois des éclairs violets qui ont l'air de partir d'une région plus élevée encore. La nuance de ces éclairs, en rappelant la couleur que l'électricité affecte dans le vide, semble presque indiquer qu'ils sont issus d'une couche de l'atmosphère, où l'air a déjà atteint un degré de raréfaction assez avancé pour qu'il commence à s'y manifester les propriétés du vide.

[2] Les aguaceros du Mexique sont accompagnés des mêmes phénomènes électriques que les orages de la zone tempérée. Ils sont précédés de ces mêmes bourrasques précurseurs de nos orages d'été, occasionnées par la rupture d'équilibre qu'amène la condensation d'un grand volume de vapeurs. Le cumulus qui surmonte le nimbus se déchargeant d'un grand poids, détermine un mouvement ascensionnel d'air et de vapeurs à travers le centre du nimbus, lequel produit la convergence du nimbus inférieur et l'élargissement du cumulus supérieur, où le courant ascendant s'étale; de là un remou supérieur et inférieur qui se traduit à la surface du sol par des bourrasques que M. Maille désigne sous le nom de *turbons*. Sous le tropique, le nimbus n'est pas seulement local comme chez nous, mais en général étendu sur toute la contrée et il s'y détermine à cause de cela des turbons multiples. La répétition quotidienne de ce phénomène et le groupement des cumulus autour des grandes cimes, permettent très-souvent de le suivre à l'œil avec distinction.

voir la grêle accompagner les orages. En 1847 il en tomba dans la vallée de Mexico une si forte colonne, qu'elle couvrit le sol d'une couche de glace qui mit un jour à disparaître [1].

La masse d'eau en suspension dans l'atmosphère du Mexique, explique aussi l'état presque constant de bruine qui règne durant l'été dans les régions montagneuses très-élevées. Tous les vents amènent des couches saturées de vapeurs à une très haute température, qui conservent l'état aëriforme et ne troublent en rien la pureté du ciel, tant qu'elles chassent par-dessus les terres plates et chaudes, mais qui se condensent en rasant les massifs de montagnes dont la température est toujours froide. Toutefois il est à noter que cet effet est moins sensible autour des cimes les plus élevées du Mexique, mais isolées comme le Pic d'Orizaba, le Popocatepetl, etc., qui sont cependant bien plus froides que les massifs, puisqu'ils portent des neiges éternelles. En général, le ciel reste serein au-dessus de ces cimes jusqu'à l'heure de l'orage, malgré le vent qui arrive chargé d'humidité. Mais ces grandes montagnes, étant pour la plupart de simples cônes isolés, à forme régulière, s'élevant au milieu de vastes plaines, ne présentent pas une surface suffisante pour refroidir l'atmosphère et pour provoquer une condensation incessante comme les massifs moins élevés, mais plus étendus. Ceci donne

---

[1] Voyez la note I, à la fin de ce chapitre, sur un orage au sommet du Nevado de Toluca.

la preuve que la condensation dans les montagnes, a moins sa cause dans le refroidissement que l'air subit au contact du sol que dans le mélange d'air saturé à différentes températures. Dans les pâtés multiples ou *massifs de montagnes* s'élevant sur le plateau, au contraire, les nombreuses saillies arrêtent le vent et lui impriment des directions variables; toutes les anfractuosités retiennent de l'air à des températures diverses et à un degré de saturation différent : de là résultent sous l'action des courants un mélange incessant et une précipitation sans cesse renouvelée, qui se traduit par des averses continuelles et un brouillard persistant. L'air de la plaine est obligé de remonter le long des pentes de ces districts montueux, où il trouve une température très-basse, qui le charge de brouillards et ajoute à la précipitation des pluies. J'ai observé cet état de brouillards pluvieux dans toutes les régions de montagnes prolongées et plus élevées que le plateau. C'est peut-être à Real del Monte qu'il est le plus caractérisé; mais je l'ai rencontré aussi dans les massifs d'Angangeo (Mechoacan), dans les montagnes qui s'étendent entre Maravatio et la vallée de Mexico, etc., quoique ces massifs, bien moins élevés que les grands pics, soient loin de porter des neiges éternelles.

2° État atmosphérique et météores aqueux pendant l'hiver. — Le passage de la saison des pluies à la saison sèche est beaucoup moins brusque que la transition de l'hiver à l'été. Il a lieu à des époques variables selon les diverses localités et se fait en général en octobre; sur le plateau en septembre. Les orages journaliers commencent à manquer à certains jours; les pluies deviennent irrégulières, elles font défaut pendant un nombre de jours de plus en plus grand, et elles finissent par cesser, quoique souvent on voie reparaître quelques averses. Parfois la saison pluvieuse se prolonge outre mesure, durant le mois d'octobre, comme cela a eu lieu en 1856 et 1857 dans la vallée de Mexico.

Telle est la marche que suivent les pluies pendant l'été. Voici maintenant ce qui se passe en hiver.

Cette saison est, généralement parlant, celle de la sécheresse. Il est même probable que si l'atmosphère restait toujours calme, il ne pleuvrait guère de toute la saison. Mais pendant cette période de l'année, il règne à des intervalles irréguliers, les vents du nord ou nord-est qui rendent le golfe du Mexique aussi périlleux en hiver qu'il est malsain en été. Comme l'a démontré Humboldt, ces vents sont la cause de modifications continuelles dans l'atmosphère et influent d'une manière toute particulière sur la météorologie du Mexique. On peut presque dire que le *norte* est le symptôme des saisons au Mexique. Il est en opposition avec les *pluies tropicales* ou *orages d'été*. Tant que le *norte* souffle, la saison sèche se continue et il n'y a pas de fièvre jaune. Du moment qu'il cesse, commencent les pluies d'été. En automne, lorsqu'il apparaît, on dit que l'hiver a commencé. Toutefois ceci ne s'applique qu'à la partie orientale du Mexique, qui seule est exposée au *norte*, comme nous l'avons dit.

Le *norte* souffle parfois des semaines entières : souvent il se relève aussitôt après être tombé ; quelquefois il ne dure que deux jours, et on le voit souffler deux ou trois fois dans la même semaine. Ce vent arrive au Mexique après avoir balayé les neiges du nord ; il tempère la chaleur du golfe ; il emporte au loin les miasmes délétères, et, en abaissant la température de la côte, il amène la santé dans ces régions fiévreuses. Il permet aux gens du plateau de venir impunément trafiquer avec la Vera-Cruz pendant toute une saison, jusqu'aux approches de l'été, époque où il cesse de souffler. L'air qui s'écoule ainsi du nord au sud, traverse des zones de plus en plus réchauffées, et le peu de vapeurs que la basse température des hautes latitudes lui a permis d'emporter avec lui, ne suffit plus pour le saturer, en sorte qu'il se charge en route d'une forte quantité d'eau. Néanmoins à Vera-Cruz il passe pour un vent sec, parce qu'en s'avançant vers des régions toujours plus chaudes, son pouvoir dissolvant augmente sans cesse et que son humidité relative ne change guère. Enfin, en arrivant à angle oblique sur la côte de Vera-Cruz, il trouve là sur les premières plaines de sable une température brûlante qui diminue son état de saturation, et le rend relative-

ment assez sec.[1] Mais si le *norte* est un vent sec
pour les plaines de la côte, il apparaît subitement
à quelques lieues de là sur le versant de la Cordillère comme un vent de toute humidité[2]. En effet,
après avoir balayé les terres chaudes et basses,
sans altérer la pureté du ciel, il rencontre les gradins de plus en plus élevés de la Cordillère; il glisse
sur leurs flancs comme sur un plan incliné; les couches inférieures de l'atmosphère dévient et sont
ainsi subitement chassées dans des régions plus élevées, où elles se refroidissent assez pour laisser échapper une forte proportion de leur eau. Aussi, tandis
que le *norte* souffle à la Vera-Cruz et qu'on y jouit
d'un ciel pur, il pleut à Jalapa, à Orizaba, et tout le
versant du plateau se trouve en même temps enveloppé d'un brouillard épais. La pente de la Cordillère
joue donc le rôle d'un grand mur qui arrête l'air

---

[1] Le climat de la côte du Mexique est, même en hiver, d'une
extrême humidité. Les quelques chiffres qui suivent et que
j'emprunte à l'ouvrage déjà cité du père Cornette pour en déduire la fraction de saturation, viennent à l'appui de cette observation.

Novembre.		Therm. sec.	Therm. humide.	Fraction de saturation déduite.
28	Vera-Cruz	29°,2	29°	0,98 (Saturation.)
29	Vera-Cruz	21°,4	17°,8	0,69
	Izabal (Yucatan)	25°,8	23	0,79

[2] Encore un de ces contrastes qui tiennent du prodige au
Mexique et dont la nature abonde en ce pays. Dans la structure du sol, dans les productions animales et végétales,
c'est toujours l'imprévu qui domine. Il était naturel que la météorologie n'échappât pas à la même loi.

dans son cours et qui ne le laisse passer qu'après lui
avoir enlevé une partie de l'eau qu'il contenait, en
sorte que le vent, grâce à cette barrière, arrive sur
le plateau sensiblement moins chargé d'humidité.

Comme on le voit, les pluies que le *norte* amène
sur le versant de la Cordillère n'ont rien de commun
avec les orages de l'été qui se forment à une grande
hauteur et qui proviennent du refroidissement général des vapeurs transportées dans les hautes régions.
Ce sont au contraire des pluies accompagnées de
brouillards, et qui ne se précipitent que dans les couches basses. Le brouillard ne s'élève même pas à une
grande hauteur : comme il n'est que le résultat du
refroidissement des couches inférieures de l'atmosphère contre les montagnes, il se forme à ras terre et
ne s'étend que jusqu'au point où l'action réfrigérante
du sol cesse de se faire sentir[1]. C'est naturellement
sur les bords de la zone pluvieuse qu'il sera le moins
épais, et à sa bande médiane qu'il le sera le plus. Aux
abords de la région montagneuse on ne trouve que le
brouillard; plus loin on rencontre la bruine, parce
que le brouillard y devient assez épais pour commencer à se précipiter en pluie; enfin à Jalapa et au-
dessus, la pluie a parfois tout l'air de tomber d'une

---

[1] Humboldt dit que Jalapa et Chilpanzingo sont souven
enveloppés de brumes, parce que ces villes se trouvent précisément à la hauteur ordinaire à laquelle se soutiennent les
nuages de la plaine maritime. Je ne sais si l'on peut admettre
cette explication, car souvent, lorsqu'il pleut à Jalapa, le ciel
est serein sur la côte.

assez grande hauteur, parce qu'en ce point la couche des brouillards s'étend souvent fort haut et que les gouttes de pluie précipitent et font disparaître par moment le brouillard des couches basses.

La pluie couvre toute cette longue bande parallèle à la côte du golfe, large de dix à quinze lieues, qui s'abaisse du plateau vers les terres basses de la côte. Elle n'envahit pas les plaines du plateau; celles-ci jouissent du plus beau soleil, comme les plaines de Vera-Cruz, pendant qu'il pleut sur le versant intermédiaire entre ces deux régions.

Sur le point de quitter Pérote pour me rendre à Vera-Cruz au fort de l'hiver et par un violent *norte*, je n'hésitai pas à faire cette route à cheval, malgré le déluge auquel le voyageur est exposé dans ces circonstances, afin de me faire une idée plus juste de l'état météorologique des différentes altitudes. La ville de Pérote occupe l'une des plaines les plus élevées du plateau (7,200 pieds), quoique située près de son bord oriental. Lorsqu'on voit le soleil brillant dans un ciel pur et qu'on traverse cette plaine de sable brûlant, on a quelque peine à croire qu'à quelques lieues de là on sera enveloppé par une pluie battante continue.

On quitte Pérote par un temps froid, mais avec un ciel serein[1]. Bientôt on arrive au bord du pla-

---

[1] Souvent il gèle pendant la nuit à Pérote par le *norte* et dans ce cas la plaine se couvre de brouillards bas, mais ceux-ci se dissipent aux premiers rayons du soleil et ne doivent pas

teau, et dès les premières pentes on rencontre le brouillard et l'on y pénètre. Je dis qu'on y pénètre, parce que ce n'est pas le brouilard qui s'est avancé pour envelopper le voyageur, mais bien celui-ci qui s'est enfoncé dans la brume en atteignant la région où elle règne en permanence. A mesure que j'avançais en m'abaissant sur la pente de la Cordillère je sentais le brouillard augmenter d'intensité, devenir de plus en plus humide, et se transformer en une bruine fort désagréable. Plus bas je trouvai une région arrosée par une pluie fine et régulière; enfin et plus bas encore, je fus assailli par cette pluie abondante qui accompagne le voyageur à Jalapa ou à Orizaba et jusqu'au sortir des montagnes, sur le gradin qui précède les plaines de la région maritime. En touchant à cette région, le voyageur croit voir le ciel s'éclaircir et le beau temps succéder à la pluie; mais cette apparence n'est encore qu'une illusion. C'est au contraire lui qui a quitté la zone condensatrice du plan incliné où les vapeurs des couches basses de l'atmosphère sont précipitées, et qui se rapproche des plaines chaudes de la Vera-Cruz où la condensation cesse totalement.

L'état atmosphérique du versant du plateau ex-

être pris en considération dans l'examen du phénomène dont il est ici question. Il va de soi que par certains jours les brouillards et la pluie de la Cordillère se prolongent jusqu'à Pérote, il y a des oscillations en plus et en moins. Je ne parle ici que du phénomène en général, sans m'arrêter aux événements locaux.

plique parfaitement l'apparence sous laquelle se présente si souvent le Citlaltepetl vu de la mer. Lorsqu'on approche de la côte de Vera-Cruz par le *norte*,
on voit l'horizon chargé de vapeurs qui dérobent
la vue des montagnes, mais qui ne s'élèvent pas
à une grande hauteur dans le ciel. Au-dessus de ces
strati, dont la transparence ou les interstices laissent
deviner les contours supérieurs du volcan d'Orizaba,
on distingue sa cime neigeuse se détachant sur un
ciel pur, tandis que sa base se fond dans les brumes
de l'horizon, qui se fondent elles-mêmes avec le ciel.
Souvent lorsque le reste de la montagne est seulement vu faiblement d'une manière *négative*[1], on ne

---

[1] Le terme de *vue négative* est ici pris dans le sens que lui
ont attribué Bouguer (Traité d'optique) et ensuite Humboldt,
en parlant du pic de Ténériffe.

La montagne est vue *négativement* lorsqu'on ne l'aperçoit
que comme une silhouette plus obscure que le ciel, parce qu'elle
intercepte la lumière qui nous est transmise des limites extrêmes de l'atmosphère et que nous nous apercevons de son existence, seulement par la différence d'intensité de la lumière qui
l'entoure et de celle que renvoient les molécules d'air placées
entre la montagne et l'œil de l'observateur. Si les montagnes ne
sont pas situées dans un très-grand éloignement, cette apparence se présente quand l'air est haleux et que la lumière de l'atmosphère empêche de voir *positivement* la surface de la
montagne. L'horizon affecte alors une couleur blanchâtre,
produite par la lumière atmosphérique, réfléchie depuis les
limites de l'océan aérien. La montagne formant un écran dans
l'épaisseur de l'air, diminue sur toute sa surface l'intensité
de la teinte lumineuse du ciel. A une grande distance en mer, les
hautes montagnes ne sont perçues que d'une manière néga:ive.
Les expériences de Bouguer montrent que, pour qu'une montagne

distingue que la pyramide neigeuse comme suspendue en l'air. Cet aspect frappe l'étranger par sa beauté et sa grandeur. Il est dû probablement à l'accident météorologique que nous venons de décrire et aux brumes basses, d'une intensité variable, qui se condensent à fleur de sol contre les gradins du plateau; les vapeurs en effet ne se forment pas au delà d'une certaine hauteur en même temps qu'elles ne s'étendent pas jusqu'à la côte, en sorte que, de la mer, on distingue sans peine tout ce qui les dépasse.

Cependant l'état de pluie provoqué par le *norte* n'est pas toujours concentré sur la pente de la Cordillère; il envahit souvent aussi la côte, là où d'épaisses forêts neutralisent l'action des rayons du soleil sur le sol et refroidissent le climat[1]. Au mois de

devienne visible, l'une des lumières doit être au moins d'un soixantième plus forte que l'autre. Leur disparition à l'horizon tient moins souvent à la petitesse de l'angle sous-tendu par la montagne qu'à ce que, à un grand éloignement, cette différence de teinte devient plus petite encore. Mais fréquemment l'opacité de l'atmosphère fait apparaître d'une manière tout aussi négative des montagnes médiocrement éloignées dont l'angle visuel est encore grand. Ceci explique l'aspect singulier que revêt quelquefois en hiver le Citlaltepetl, vu de la mer, lorsque sa base se perd dans les brumes de la Cordillère, que son milieu est perçu négativement, mais souvent si faiblement que l'œil a peine à le distinguer et que ses neiges, grâce à la quantité de lumière qu'elles réfléchissent, apparaissent positivement. Quand la portion moyenne de la montagne ne peut être perçue qu'imparfaitement ou même pas du tout, on voit comme un vide atmosphérique s'étendre entre les brumes basses et le pain de sucre blanc de sa cime.

[1] L'action réfrigérante des forêts se fait sentir de trois manières : 1° Elles arrêtent les rayons du soleil et empêchent

décembre 1855, j'ai vu fréquemment pleuvoir à Tuxpam par le *norte*. Pendant nombre de jours la pluie devint même persistante comme elle l'est sur le versant est de la Cordillère. Il faut donc voir dans le *norte* un vent de pluie qui amène de l'air presque saturé et qui ne reste relativement sec que lorsqu'il franchit des plaines nues réchauffées par l'insolation, dont la chaleur diminue proportionnellement son degré de saturation. Les voyageurs feront bien d'étudier si en hiver la mer ne jouit pas sur cette partie de la côte d'une température plus élevée que la terre; car la température de l'eau est élevée par le courant marin qui coule du sud au nord et qui amène au Mexique les eaux de l'équateur. Une semblable différence expliquerait suffisamment la pluie basse de la côte. Du reste il me semble que les brusques changements provoqués par le *norte* (et qui n'influencent que la température de la terre, non celle de la mer), doivent suffire pour déterminer la formation du brouillard et de la pluie basse. J'ai vu à Tuxpam en décembre, par le *norte*, le thermomètre tomber subitement de 16º à 6º et se maintenir trois jours à ce niveau si bas[1]. A la Havane on l'a vu, selon Humboldt, tomber à 4º. Toutefois il faut remarquer que,

---

le sol de se réchauffer. 2º Les feuilles en faisant évaporer une grande quantité d'eau consomment de la chaleur. 3º Enfin elles augmentent la superficie capable de se refroidir par voie de rayonnement. (Humboldt, Cosmos.)

[1] Ce brusque changement exerçait sur le corps humain une

la ville de Tuxpam étant située sous le 21° de latitude
nord, elle se trouve presque sur la limite du tropique,
aussi les pluies n'y sont-elles plus aussi régulières
que sur les parties plus méridionales de la côte, et
c'est probablement pour cette raison qu'il y pleut fréquemment en hiver, comme sous la zone extra-tropicale voisine, tandis qu'à Alvarado déjà, le ciel reste
serein. Tuxpam fait donc peut-être exception à la loi
générale qui régit le littoral du golfe, mais je n'ose-
rai l'affirmer, ne sachant pas au juste de quelle manière les météores se comportent au Tabasco, et Alvarado appartenant presque encore à la plaine sablonneuse de Vera-Cruz.

Les pluies d'hiver, lorsqu'elles tombent dans les
régions chaudes, n'ont plus ce caractère de soudaineté et de violence tropicales si remarquable dans
celles de l'été. Elles sont en général accompagnées
de brouillards et durent avec intermittence pendant
plusieurs jours. Quoique abondantes, elles tombent

influence excessive, au point que, bien que enveloppés dans des
manteaux de laine, nous grelottions comme s'il soufflait un
vent glacial accompagné de gelée. Il est étonnant de voir avec
quelle facilité l'économie s'habitue à la température la plus
élevée, et comment ensuite le moindre abaissement, en pro-
duisant un froid relatif, devient pour le corps une souffrance
des plus pénibles. Après avoir vécu au milieu d'une température de 25 à 30°, nous éprouvions un véritable senti-
ment de froid lorsque le thermomètre tombait à 18° ou 16°.
Les indiens de Guayaquil se plaignent d'un froid excessif lorsque le thermomètre tombe à 24°. Humboldt cite plusieurs exemples analogues.

en gouttes fines ou de grosseur moyenne, et offrent, vu la basse température qui règne alors dans les régions qu'elles arrosent, une ressemblance parfaite avec les pluies de l'Europe, et avec celles qui dans la même saison humectent le versant du plateau.

On ne saurait imaginer une contrée plus humide que le versant oriental de la Cordillère et une partie de la zone maritime, puisqu'en été ces régions sont *chaque jour* inondées par des trombes d'eau et qu'en hiver, tandis que les autres parties du pays sont privées de pluies, elles se couvrent fréquemment de brouillards humides accompagnés de chutes d'eau de longue durée[1]. La végétation de ces régions soumises à des alternatives perpétuelles d'humidité et de chaleur intense, nourrie par les vapeurs de l'atmosphère, reçoit une impulsion extraordinaire qui rappelle en grand la plus riche parure végétale des serres chaudes, surtout dans les ravins de la Cordillère qu'une humidité plus forte que partout ailleurs rend particulièrement propices aux grandes fougères arborescentes et aux plantes à larges feuilles.

---

[1] Comme nous l'avons dit plus haut, il tombe ici 5 ou 6 fois plus d'eau que sur le plateau, si l'on s'en rapporte à des sommes observées sur un nombre d'années, trop restreint, il est vrai, pour qu'on puisse en tirer une règle parfaitement certaine. En comparant les chiffres fournis par les tableaux de la note III, on verra que les moyennes indiquent qu'il tombe à Cordova 2 $\frac{1}{2}$ fois plus d'eau qu'à Tépic au pied du versant de l'océan pacifique, et plus de 3 fois plus que dans le massif des montagnes élevées de Réal del Monte.

Etat atmosphérique sur le plateau en hiver.

Dès qu'on a fini de gravir les gradins du versant oriental de la Cordillère, les météores changent du tout au tout. Au plan incliné succèdent de vastes plaines, les unes parfaitement unies, les autres ondulées. Cette grande table couronne la Cordillère à un niveau horizontal de 2,400 à 2,000 mètres, en s'abaissant légèrement vers le nord[1]. En hiver ce vaste plateau est presque dépourvu de végétation, et son sol, en grande partie formé de cendres et de débris volcaniques, ressemble à un désert de sable. Il existe entre les saisons des divergences beaucoup plus grandes sur le plateau mexicain que dans les régions chaudes, et les oscillations de la température entre les différentes parties de l'année y sont, à ce qu'il paraît, sensiblement plus fortes que sur le plateau des Andes[2]. Aussi l'alternance entre les deux saisons tropicales y est-elle parfaitement bien marquée. En été, il y pleut assez régulièrement chaque jour, moins régulièrement cependant que dans la *tierra caliente*; en hi-

[1] La vallée de Toluca a une altitude de **2,680 à 2,700** mètres.

Celle de Mexico et de Puebla de 2,300 à 2,100.

Plus au nord, celle de Queretaro de 1,950.

Enfin celle de Durango, par le 25° degré de latitude, de 2,000.

[2] L'égalité de température en toute saison est d'autant plus grande qu'on se rapproche plus de l'équateur. Le Mexique étant situé à cheval sur les limites du tropique, ses lois physiques ont déjà quelque analogie avec celles de la zone tempérée de notre globe.

ver au contraire, la pluie fait continuellement défaut
et le ciel reste plus ou moins serein pendant six mois,
dans certains districts même pendant 8 mois de l'année. Le plateau n'est plus alors qu'une vaste plaine de
poussière, presque entièrement dépourvue de sources,
et où l'on voit seulement de loin en loin quelques oasis
marécageuses, déterminées par un reste des eaux
de la saison des pluies, accumulé dans les lieux bas,
ou par une source qui jaillit au contact des rochers.
Ces oasis portent souvent le nom de *ojo de agua*
(source, jet d'eau, en un mot lieu où l'on trouve de
l'eau) qui, à lui seul, indique suffisamment la rareté
de cet élément.

Plusieurs causes combinées concourent à produire
cette grande sécheresse. Les sables volcaniques qui
forment le sol de la plaine sont tous très-perméables;
ils laissent filtrer la pluie au lieu de l'emmagasiner
et l'action du soleil achève de les dessécher à une
grande profondeur, car l'altitude de ces plateaux élevés favorise singulièrement l'évaporation. La chaleur
extraordinaire que l'astre développe sur ces plaines
nues et poudreuses dont il ne peut faire jaillir aucune
vapeur, dessèche aussi l'atmosphère au point d'empêcher la pluie de se former et de supprimer la
rosée. Malgré le froid intense qui, en hiver, succède
fréquemment à la fournaise de la journée, la rosée
fait souvent défaut. J'ai vu au printemps, quelques
moments avant le lever du soleil et par un froid de
2 ou 3 degrés au-dessous de zéro, le sol du plateau

de Pérote rester aussi poudreux qu'au gros du jour,
parce qu'il était si complétement dépourvu d'eau
que la gelée ne pouvait augmenter sa consistance.
Suivant les observations de M. Bowring, on trouve
quelquefois au mois de mars dans la vallée de Mexico,
une différence de 16 degrés C. entre le thermomètre
sec et le thermomètre humide, même sur les bords
du lac de Tezcuco. Par une température de 30°
cette différence réduirait la fraction de saturation à
0,17; par une température de 25°, cette fraction ne
serait plus que de 0,07; enfin en supposant une température de 23°, elle tomberait à 0,026, ce qui équi-
vaut presque à la sécheresse absolue [1]. La plus grande
sécheresse connue dans les plaines basses a été ob-
servée par Humboldt, Rose et Ehrenberg, dans les
steppes de l'Asie, où par 23°,7 C., elle était de 0,016.
La sécheresse du plateau mexicain serait donc beaucoup plus grande encore à la fin de l'hiver, comme
on doit s'y attendre pour des plaines élevées, et à
cette altitude l'évaporation est immense dans ces circonstances.

Les brouillards que nous avons vus se condenser
contre le versant oriental de la Cordillère, lorsque le
vent humide du nord-est vient frapper cette muraille,
arrivent jusqu'au bord du plateau, mais ils n'en fran-

[1] Dans le premier cas le point de rosée serait à + 2°; dans
le second à — 15°. Dans ces circonstances il pourrait donc
geler à 10° sans qu'il tombât aucune rosée. Au troisième cas
le point de rosée viendrait se placer à — 28°, tandis que dans
l'observation de Humboldt, par la même température, il se
trouve déjà à — 4°, 8.

chissent pas les limites. Sur ce point, on les voit se
pelotonner et prendre l'apparence de nuages immo-
biles attachés au sol. malgré le vent qui les chasse.
Mais ce n'est là qu'une illusion; les vapeurs se dissolvent au moment où elles envahissent la plaine dessé-
chée du plateau où toutes les causes de condensation cessent subitement d'agir [1]. Elles ne troublent
donc pas la pureté du ciel et, comme il a été dit
plus haut, à Pérote, avec un ciel bleu, on aperçoit
souvent à l'est la bordure de brouillards dessinant la
ligne où le sol commence à s'abaisser vers la mer.

Particularités de l'atmosphère du plateau.

L'atmosphère du plateau fournira des faits curieux
lorsqu'elle sera étudiée avec soin par des observateurs
exercés. En hiver, les phénomènes électriques ne
sont pas rares, comme du reste dans toutes les plaines
très-sèches. La production d'étincelles au contact
des objets s'y manifeste, m'a-t-on dit, par moment
avec une remarquable intensité. Sur tous les plateaux
des Andes l'extrême sécheresse de l'air provoque des
phénomènes analogues, et, selon Philippi, on voit
souvent dans le désert d'Atakama, au Chili, les che-

---

[1] La bande de brouillards qui borde le plateau se comporte
comme l'arc-en-ciel ; elle paraît immobile et toujours la même
quoique les particules qui la composent changent incessamment. Les brouillards empiètent souvent plus ou moins sur le
plateau, parce que les vapeurs ne perdent pas instantanément
leur état vésiculaire, mais en général on les voit s'éclaircir très-
rapidement dès qu'ils rencontrent le sol plat, et dès qu'ils ont
cessé de glisser sur le plan incliné du versant du plateau.

veux des hommes se hérisser ou des lumières électriques sortir des objets du sol [1].

Mais le phénomène qui, par sa fréquence, a le plus particulièrement attiré mon attention dans les plaines élevées de l'Anahuac est celui des brouillards secs et des faits qui s'y rattachent. La production de ces espèces de vapeurs est due à la légèreté de la poussière du sol, que le moindre vent soulève jusqu'à de grandes hauteurs. et dont les particules les plus ténues restent ensuite suspendues dans l'air. Un autre agent qui fonctionne presque en permanence sur le plateau pendant la saison sèche, celui des colonnes de poussière, contribue pour une forte part aussi à troubler la pureté de l'air et à produire ces espèces de brouillards terreux. Pendant l'hiver, chaque matin, à son lever, le soleil réchauffe presque subitement la couche inférieure de l'atmosphère qui est plus particulièrement exposée à la réverbération du sol et à son action immédiate. Cette couche devient de bonne heure la plus distendue, et elle se trouve, par cela même, plus légère que celles qui lui sont superposées. L'équilibre est alors rompu, et l'air inférieur réchauffé finit par s'écouler vers les régions

[1] Livingston rapporte que dans les déserts de l'Afrique méridionale, au printemps, moment de la grande sécheresse, il souffle souvent un vent du nord chaud et desséchant, qui arrive tellement chargé d'électricité, que les plumes d'autruche se chargent d'elles-mêmes et donnent de vives commotions, et que le seul frottement du vêtement fait jaillir des gerbes d'étincelles. (*Exploration dans l'Afrique australe*, p. 139.)

supérieures en perçant les couches atmosphériques placées au-dessus de lui. Il se détermine ainsi des courants ascendants qui s'élèvent en tourbillonnant avec force, à peu près de la même manière que l'eau s'écoule en tire-bouchon lorsqu'une ouverture est pratiquée dans le fond d'un bassin. La terre pulvérulente de la plaine est enlevée avec violence par les tourbillons ainsi déterminés; d'autres objets moins ténus montent même avec elle et retombent ensuite d'une hauteur plus ou moins grande, mais la poudre impalpable du sol continue à s'élever avec le tourbillon et forme une trombe de poussière, qui se prolonge jusqu'à une hauteur de 1,500 à 2,000 pieds, ou même au delà. Ces trombes sont connues sous le nom de *remolinos de polvo* (tourbillons de poussière). Elles atteignent jusqu'à trente pieds de diamètre, et j'en ai vu de plus grandes encore au moment de leur début, enveloppant complétement des cabanes sans se rompre. Mais à mesure qu'elles s'allongent, leur largeur diminue beaucoup et leur intensité va décroissant. Dès les huit heures du matin, si l'air est calme ou le vent modéré, on voit les colonnes de poussière apparaître sur plusieurs points de la plaine et se continuer ensuite pendant toute la matinée, à tel point qu'on en aperçoit souvent jusqu'à 10 ou 12 à l'horizon. Quelques-unes se perdent à une grande hauteur et ressemblent à un long cordon tendu entre le ciel et la terre; d'autres ont une forme élargie vers le bas, d'autres encore sont arquées ou même coudées; quel-

ques-unes enfin se dissolvent graduellement avant
d'avoir atteint une altitude bien considérable. Toutes
ces variétés dépendent de la force du courant ascendant, de la plus ou moins grande dilatation de l'air à
la surface du sol et du mouvement transversal des
couches successives que le tourbillon traverse. Plusieurs de ces *remolinos*, produits seulement par un
échauffement local, s'évanouissent rapidement, tandis
que d'autres, qui servent de déversoir à la couche
inférieure de l'air, ont une action étendue et persis-
tent pendant plusieurs heures.

Quoique les colonnes de poussière suivent d'une
manière générale la direction du vent, elles sont cependant douées à leur début d'un mouvement propre et elles avancent avec plus ou moins de rapi-
dité. C'est, du reste, ce que l'on doit présumer *a
priori*, puisqu'elles sont déterminées par l'écoulement de la couche inférieure de l'air et que le tourbillon doit toujours avoir une tendance à cheminer
dans la direction d'où vient le plus grand écoulement.
Au moment où survient la rupture d'équilibre qui va
donner naissance à un *remolino*, l'air s'agite avec vé-
hémence autour du point qui sert de foyer au phénomène, et il se détermine des tournoiements irréguliers qui ressemblent à une petite bourrasque et
qui courent sur la plaine en soulevant un nuage de
poussière. Bientôt après, le tire-bouchon commence
à se dessiner et se trahit par un sifflement continu.
Si la trombe naissante est entraînée par un coup de

vent qui s'ajoute à sa propre vitesse, elle progresse
avec vélocité et parcourt rapidement de grandes distances. J'ai essayé de fuir devant une grande trombe
naissante dont les flots de poussière arrivaient accompagnés d'un violent sifflement; mais malgré l'allure
rapide de mon cheval, j'en fus rattrapé au bout de
quelques minutes, et telle était sa force de succion
que mon chapeau fut enlevé et transporté au loin, en
tourbillonnant en l'air. Mais cette impétuosité n'est
pas de longue durée, car aussitôt que le tire-bouchon
a percé la couche d'air recouvrante, il s'établit un
courant ascendant régulier par la cheminée aérienne
ainsi formée et l'on voit la trombe se dessiner et s'al-
longer de plus en plus, tandis que la largeur de sa
base diminue. En même temps le mouvement initial
se ralentit ou cesse même tout à fait, et la colonne,
devenue étroite et cylindrique, ne semble plus obéir
alors qu'au courant général de l'atmosphère. Le
spectacle du jeu de ces trombes qui naissent et qui
meurent ou qui se développent et progressent ensuite dans des directions diverses, jusqu'au moment
où elles se dissolvent, fournit au voyageur une dis-
traction attrayante au milieu des plaines arides et
monotones de l'Anahuac. Elles permettent de suivre
à l'œil les moindres changements qui surviennent
dans l'atmosphère de la plaine aux différentes heures
de la matinée et elles s'évanouissent au milieu du
jour lorsque l'air réchauffé des couches basses a été
distendre les couches élevées [1].

[1] Il est probable que l'observation attentive des tourbillons pen-

Il serait difficile d'estimer jusqu'à quelle hauteur les *remolinos* entraînent la poussière du sol. Il est probable qu'ils l'élèvent beaucoup plus haut que là où les colonnes semblent se dissoudre et où, en réalité, elles ne font que devenir trop transparentes, par la perte de leurs molécules, pour que l'œil puisse encore les distinguer[1]. Une certaine proportion de la poudre terreuse

dant toute une saison fournirait quelques données intéressantes sur les mouvements diurnes de l'atmosphère, car, étant le jouet de l'atmosphère ambiante, ils trahissent les courants que la transparence de l'air ne permet pas à nos yeux de saisir. Par un temps calme on en aperçoit qui cheminent dans des directions contraires, soit par leur propre impulsion, soit sous l'influence de petits courants d'air. La longueur variable des tourbillons indique aussi le degré de dilatation de la couche inférieure de l'air, car l'air réchauffé et dilaté ne s'écoule naturellement que jusqu'à la hauteur où il rencontre la couche qui a la même densité que lui. En comparant de nombreuses observations, on arriverait peut être à quelques conclusions générales.

[1] Le phénomène des *remolinos* montre que les courants d'air chaud ascendants qui ont lieu pendant la matinée se font principalement par certains canaux aëriens déterminés. Quoique sous notre latitude le sol se réchauffe beaucoup moins qu'au Mexique, par le fait de l'insolation, on peut présumer que les courants ascendants suivent des tournoiements analogues. Dans les plaines de l'Italie où il existe beaucoup de poussière, on observe souvent en petit un phénomène qui rappelle celui des *remolinos* du Mexique. A la Nouvelle Hollande, au milieu des steppes du Queensland, il se forme des trombes tout analogues à celles du Mexique, quoique le phénomène n'y règne pas avec la même constance. On a vu de petites trombes du même genre prendre naissance, quoique dans des limites beaucoup plus restreintes, sur les laves chaudes du Vésuve; elles agitaient les scories libres et arrachaient les feuilles des arbres, mais leur existence était de courte durée. Dans nos mon-

qui se verse dans l'atmosphère, paraît y rester suspendue, ou du moins y séjourner assez longtemps
pour que l'air en soit toujours plus ou moins chargé.
A peine, en effet, commence-t-il à s'en débarrasser,
que les vents et les tourbillons de chaque jour viennent l'en recharger de nouveau. Cette poussière trouble la transparence de l'air, le rend opaque et empêche souvent d'apercevoir des objets, même rapprochés. La première pluie du printemps entraîne
avec elle toutes ces particules terreuses et rend subitement à l'air sa transparence[1]. Lorsque je passai à
Pérote dans le courant de l'hiver, je ne réussis pas à
distinguer les volcans de Mexico, mais à mon retour,
comme je visitais cette ville après quelques journées
de pluies, les pics neigeux étaient devenus parfaitement visibles.

tagnes de la Suisse où certaines vallées s'échauffent extraordi-
nairement en été, il est fréquent d'observer des tourbillons d'air
ascendant, qui se trahissent par leur sifflement, ou qui enlèvent un peu de poussière. Mais, outre que le sol n'est pas assez
pulvérulent pour fournir régulièrement de la poussière à la
trombe, de manière à la rendre longtemps appréciable à l'œil,
ces tourbillons n'ont ici ni la régularité, ni la durée des *remolinos* du Mexique, car l'atmosphère des vallées étroites n'é-
tant pas aussi bien équilibrée que celle des plaines, ils sont
vite rompus par l'irrégularité des courants aériens. Sur le plateau du Mexique on trouve réunies les trois circonstances les
plus propices à la formation des trombes : la grande chaleur
du soleil, l'égalité de la plaine et l'état pulvérulent du sol.

[1] Cette transparence soudaine n'est donc pas seulement un
effet de l'humidité. Lorsqu'elle se produit, elle fait découvrir
subitement des montagnes assez rapprochées qu'on n'avait pu
voir la veille et que l'air le plus hâleux n'aurait pu voiler.

Je crois qu'on peut attribuer à la masse de poussière que les vents et les trombes répandent incessamment dans l'air du plateau, les vapeurs roussâtres qui apparaissent souvent à l'horizon et qui affectent l'aspect de *strati* vagues et fumeux. Ces brumes sont en général assez basses, elles s'étendent et forment un banc parfaitement horizontal, comme si elles reposaient sur une couche d'air d'une certaine densité et sans contours distincts. Il arrive quelquefois de les voir de près s'étendant devant une montagne. J'ai aperçu de la plaine de Pérote une de ces brumes d'un roux noirâtre, stationnant à mi-hauteur du petit volcan le *Pizarro*, à environ une ou deux lieues de distance de moi, et me voilant la vue du milieu de cette montagne. Je suppose que ces brumes résultent d'une espèce de tassement des particules solides par un temps très-calme, et de leur chute graduelle jusque dans la couche dont la densité suffit à les supporter. Il est vrai que l'atmosphère calme paraît incapable de tenir en suspension parfaite même les vésicules de vapeur d'eau. Celles-ci tombant avec une vitesse de quelques décimètres par secondes, on aurait lieu de s'étonner qu'il n'en fût pas de même des particules terreuses suspendues dans l'air. Il faut donc qu'il se passe ici un phénomène analogue à celui qui entretient les nuages où de nouvelles vésicules viennent sans cesse remplacer celles qui s'échappent. Les courants ascendants de l'atmosphère viennent du reste en aide au phénomène, et c'est sans doute la lutte entre la gravité des molécules terreuses et ces courants ascendants qui détermine par un entassement local la formation des *strati* fumeux. Dans la plaine de Pérote j'ai à deux reprises observé, du côté de l'occident, d'autres vapeurs que je crois être de ce genre, lorsque la sécheresse de l'air et la pureté du ciel ne permettaient guère de supposer qu'il y eût là une formation de brouillards. Le soleil, vu quelques minutes avant son coucher, à travers un de ces *stratus* (avril 1855), apparaissait comme un globe rouge, et je pus y fixer mes yeux sans difficulté. Les voyageurs feront bien d'observer avec attention ce phénomène, qui est fréquent sur le plateau de Puebla et de Pérote, et qui offre un véritable intérêt au point de vue des couleurs accidentelles et des propriétés optiques des brouillards secs.

Le fait physique dont nous venons de donner la description succincte, est, comme on le voit, d'une nature toute spéciale, sans doute bien différente de celle des vapeurs mystérieuses qu'en Europe on a désignées sous le nom de brouillards secs et que l'on attribue à tort ou à raison à la fumée de tourbières en combustion [1]. Les brouillards secs sont rares en Europe.

---

[1] Le plus célèbre de ces brouillards est celui de 1783 dont l'intensité allait jusqu'à obscurcir le soleil ; on l'aperçut dans toutes les parties de l'Europe pendant le mois de juin et il aurait même été vu le 1er juillet dans l'Altaï (?). Il paraît certain que l'apparition de ce grand brouillard coïncide avec la combustion des tourbières de la Suède et du nord de l'Europe.

On en a cependant indiqué un certain nombre
d'exemples remarquables dont quelques-uns toutefois ont été contestés [1]. Dans certaines localités
leur apparition a été attribuée d'une manière fort
plausible à la cendre des éruptions volcaniques,
mais cette cause n'entre pour rien dans la formation
des brumes fumeuses du plateau mexicain, puisque les volcans de ce pays sont tous dans une période de repos, et qu'aucun d'eux n'a eu d'éruption

— Sur le plateau du Mexique il n'y a jamais combustion de
tourbe; en revanche les incendies de forêts ne sont pas rares
sur les montagnes couvertes de bois de conifères. Mais lorsqu'on aperçoit de loin le peu de fumée qui s'élève de ces incendies, en général très-limités, on voit qu'elle est trop insignifiante pour qu'on puisse en aucune façon leur attribuer la production des brouillards ci-dessus décrits. Il serait bon qu'on
s'appliquât à l'étude des brouillards fumeux dans les parties
des Etats-Unis où les colons incendient fréquemment de vastes
étendues de forêts. C'est là qu'on pourrait le mieux juger si
réellement la combustion des végétaux suffit pour déterminer
des fumées persistantes. Je crois du reste que la combustion du
bois résineux est loin de produire autant d'effet que celle de la
tourbe ou du gazon. Dans les pays où l'on a l'habitude de brû-
ler dans les champs des herbes et leurs racines, il est facile de
s'apercevoir que la fumée qui en résulte, accompagnée d'une
odeur prononcée, s'étend souvent à de grandes distances en
rasant le sol.

[1] Arago se basant sur les observations de Forster et Howard,
en Angleterre, de Humboldt, à Paris, et de Flaugergues, à Viviers, crut qu'un nuage de ce genre avait cheminé de Londres
à Viviers en vingt-quatre heures, le 18-19 août 1821, et séjourné 11 jours à Viviers avant de se dissoudre; mais M. Four-
net, se basant sur des observations météorologiques faites sur
divers points de l'Europe, en conteste la nature sèche. Le soleil
vu à travers ce nuage revêtait avec persistance la teinte blanchâtre et apparut par moments bleu et rouge.

dans le siècle où nous vivons. Aussi je ne place ici cette observation que pour réfuter par avance les suppositions que l'on pourrait faire sans se trouver sur le lieu d'observation. Du reste, les fumées volcaniques se composant de cendres (ou de particules terreuses impalpables) sont, quant à leur nature, fort analogues à celles qui se forment sur le plateau de l'Anahuac sous l'influence des vents et des courants d'air ascendants. Elles n'en diffèrent que par leur mode de formation, les premières étant produites par des poussières qui retombent après avoir été lancées à une grande hauteur; les secondes, au contraire, étant le résultat de particules enlevées du sol et entraînées vers les régions élevées. On a souvent pris le *hâle*[1] pour du brouillard sec, mais ici la confusion n'est guère possible. Les brumes sèches, dont il s'agit, forment des espèces de *strati* vagues, assez locaux, étendus à l'horizon ou devant les montagnes éloignées, n'ayant aucun rapport avec l'aspect d'une atmosphère hâleuse. Toutefois, il est facile de rencontrer des journées d'hiver où l'air du plateau manque de transparence dans son ensemble. Il affecte alors cet aspect poussiéreux qu'on observe chez nous dans les journées chaudes de l'été quand le hâle est très-apparent, mais sans cet état vaporeux et blanchâtre que nous observons fréquemment dans notre pays; d'où je conclus que son défaut de transparence

---

[1] Brume légère des journées chaudes, qui dérobe la vue des objets éloignés (*Landrauch* des Allemands).

tient à un état vraiment poussièreux. Le hâle proprement dit se rencontre fréquemment au Mexique, même sur le plateau, à l'entrée de la saison humide; il a alors en général une teinte blanchâtre et on peut le considérer comme annonçant, souvent longtemps à l'avance, les pluies qui se préparent. Au printemps avant l'arrivée de ces dernières, presque tout le Mexique se couvre d'un petit brouillard fort singulier. Dans les terres chaudes surtout, cette brume est plus épaisse et plus persistante. Un voyageur m'a affirmé que dans une excursion qu'il fit jusqu'au port de Signatanejo, sur le Pacifique, il avait été ennuyé pendant près d'un mois par une semblable brume hâleuse assez épaisse pour que presque chaque soir le soleil se couchât rougeâtre et apparût sous la forme d'un disque. Je crois que cette brume-là qui s'étend sur les terres chaudes aussi bien que sur le plateau, est incontestablement du hâle et ne doit pas être confondue avec les vapeurs rousses qui se voient en hiver sur le plateau par une grande sécheresse de l'air.

Terrain météorique.

Pour terminer l'étude de l'atmosphère du plateau, je dois ajouter quelques mots sur un fait qui résulte du transport aérien de la poussière du sol. Comme ce phénomène se renouvelle constamment pendant la moitié de l'année, l'air entraîne au loin les particules dont il est chargé, et les laisse tomber sur d'autres points du plateau ou même fort en dehors de

ses limites. Des dépôts très-appréciables se forment
ainsi dans certaines localités qui, par leur situation,
sont particulièrement propres à arrêter et à conserver la poussière. Il s'est donc créé un terrain qui encroûte la surface des montagnes et que M. Virlet
d'Aoust, qui le premier l'a signalé, a appelé *terrain
météorique* [1].

Comme c'est principalement sur les parties les plus
nues du plateau que les *remolinos* et les vents enlèvent la poussière, c'est dans la contrée de Puebla et
de Pérote que cette croûte est le plus évidente. Quoique nues ou revêtues seulement d'une végétation
misérable, presque toutes les crêtes calcaires qui per-
cent la mer de sable, sont tapissées d'une couche gri-
sâtre ou blanchâtre d'assez faible épaisseur, qui offre
souvent une certaine consistance tuffeuse. Supposer
que cette couche ait été soulevée avec les calcaires
est inadmissible, car elle suit partout exactement la
surface de la montagne, dont elle encroûte les rugo-
sités, et il est d'autant moins possible d'y voir une
formation des eaux que bon nombre des éminences
auxquelles je fais allusion ne sont que des collines
isolées, en sorte que leurs flancs ne reçoivent aucun
courant de plus haut. D'ailleurs c'est souvent au sommet que la couche est le plus épaisse, tandis que la
dénudation est presque complète au pied, ce qui montre bien que le dépôt est dû à une pluie aérienne de
matière terreuse, et que les eaux, loin de l'augmenter

---

[1] *Bulletin de la Soc. Géol. de France*, 1858.

ne font que le ronger. Il est, de plus, évident que depuis longtemps les montagnes auraient été dénudées, si de nouvelles couches ne venaient sans cesse reformer celles qui se détruisent. Comme la poussière du sol se compose en plus grande partie de cinérites ou, ce qui est à peu près la même chose, de débris pulvérisés de roches volcaniques, la couche *météorique* est composée de la même substance, et ne peut guère se distinguer des dépôts de cendres provenant des éruptions des volcans que par son extrême ténuité.

La pluie a sur ces éléments une action chimique très-marquée, comme le prouve l'alcalinité de tous les ruisseaux du plateau. Les eaux d'écoulement transforment donc peu à peu ces dépôts, tantôt en leur donnant une nature de plus en plus argileuse[1], par la décomposition des terres et l'ablation des portions légères, tantôt en les pénétrant de substances agglutinatives qui donnent au tout une certaine cohérence. Presque tous les dépôts meubles qui sont maintenant ensevelis à une certaine profondeur sont ainsi devenus durs et tuffeux. Je laisse aux géologues le soin de vérifier si cette explication de la couche d'encroûtement est exacte ou non, me bornant à indiquer ici ce qui m'a paru être le plus vraisemblable.

J'ai observé sur plusieurs coupes naturelles des

---

[1] C'est ce que l'on remarque dans toutes les parties volcaniques du Mexique. Partout on pourrait surprendre des transformations chimiques complexes. J'ai indiqué celle qui s'opère sur la montagne de San Andrès (Mechoacan) où certaines terres passent à l'état d'alun. *(Bullet. Soc. géol. Fr.* février 1858.)

terrains superficiels, des couches blanchâtres ou jau-
nâtres tout analogues à la couche aérienne, mais
enchâssées entre d'autres couches récentes de débris
ponceux, de conglomérats et de dépôts de cendre.
J'en ai vu aussi qui sont recouvertes par la terre végétale, et l'on fera bien d'étudier si les couches min-
ces des carbonates alcalins qui revêtent certaines collines de porphyre, à Pachuca par exemple, ne sont
pas les restes d'un terrain météorique transformé par
les eaux, plutôt qu'un dépôt lacustre.

On aperçoit presque partout sur le plateau de
l'Anahuac les traces de la couche météorique. Lorsque après avoir quitté Orizaba, on arrive au fond de la
vallée de Maltrata[1], toutes les pentes et les contreforts qui tombent directement des bords du plateau
apparaissent subitement tapissés de couches sembla-
bles à celles qui encroûtent les collines de cette surface; mais ici elles sont mêlées à des cinérites et aux
lapilli qui ont été lancés dans le fond de la vallée.
Quoique je ne connusse pas encore le plateau, lorsque je visitai cette vallée, je fus néanmoins surpris
de l'aspect singulier que la couche d'encroûtement
donnait à ces montagnes. Le raisonnement indiquait
que sur ces pentes roides la couche de cendre aurait
dû être entraînée depuis longtemps par les eaux ou
avoir disparu sous la végétation herbacée, tandis
qu'elle apparaissait au contraire si fraîche qu'on au-

____

[1] Située encore dans la Cordillère au-dessous du plateau.
(Voyez la carte.)

rait pu la comparer à une épaisse poussière, répandue sur un maigre pâturage. Le même dépôt se voit presque partout sur le plateau, là où il ne se confond pas avec la terre du sol. Je l'ai observé très-distinct en particulier sur le Pizarro, sur les montagnes de la Preciosa, près Pérote, et en beaucoup d'autres lieux.

En suivant toujours la route qui de Maltrata conduit sur le plateau de Cholchicomula, au sommet de la montée [1], je fis une observation qui commença à m'expliquer la cause de ce phénomène. On trouve ici un calcaire feuilleté, noir, très-tourmenté, dont les strates de deux ou trois pouces d'épaisseur, très-contournées et disloquées, sont partout séparées par des intervalles. Tous ces vides étaient remplis d'une poudre impalpable qui pénétrait aussi loin que ma canne pouvait les fouiller, et jusque dans les moindres replis. Il était donc évident que ce dépôt provenait d'une poudre répandue dans l'air qui avait pénétré jusqu'au fond des crevasses, comme la poussière s'introduit dans les boîtes les mieux fermées, et qui avait fini par remplir les moindres interstices.

En parcourant le plateau, la grande influence des vents sur la géologie du Mexique me parut de plus en plus évidente. Elle explique l'encroûtement extérieur et intérieur de plusieurs roches, le remplissage des fentes, etc. Sur le sol de la plaine, le dépôt se fait comme autre part, mais il ne se fixe que dans les régions humides; partout ailleurs les vents du lende-

___
[1] Un peu avant d'atteindre les plaines du plateau.

main remanient les dépôts de la veille qui ne sont pas
protégés contre leur influence par les anfractuosités
des rochers, la direction des collines ou la végétation
herbacée. Grâce à cette action incessante, les lieux
bas tendent de plus en plus à se combler, les lagunes
à s'obstruer et la plaine à se niveler.

La formation continue de dépôts aériens paraît
être un fait très-général sur presque toute l'étendue
du Mexique. Il se représente, m'a-t-on dit, dans le Durango, dans le nouveau Mexique et dans les prairies
des Montagnes Rocheuses. Dernièrement M. W.
Blake a décrit des effets très-singuliers de cette espèce au col du Bernardino en Californie, dont la hauteur est de 2800 pieds. Ce col forme comme un canal
qui conduit au désert et le vent de l'ouest, en s'y en-
gouffrant, y charrie sans cesse du sable qu'il enlève
aux pentes occidentales et qu'il transporte vers le désert situé à l'est. On peut se faire une idée de ce
transport par le fait que les rochers de granit sont
partout labourés comme par des glaciers, polis, creusés en gouttières, et découpés sur les crêtes par le
seul effet du frottement des sables[1]. Quelque petits que
soient les effets d'un jour ou d'une saison, ils finissent
par produire des résultats imposants quand ils se re-
nouvellent pendant les périodes incommensurables
des temps géologiques. Qu'on ne présente donc pas la
faiblesse d'action des *remolinos* et des vents comme
un obstacle au transport de la masse de matière so-

---

[1] *Americ Journ of Sc.* a. *Arts* XX. 1855.

lide qu'il a fallu pour encroûter de si vastes surfaces. Nous n'hésitons pas à dire que, dans notre opinion, la plus grande quantité de la poussière déposée sur les montagnes, a été entraînée par les eaux et que les couches aériennes qu'on y remarque sont donc seulement les restes plus ou moins agglutinés que les eaux ont laissés en arrière. Dans la formation des dépôts, les *remolinos* ont évidemment une large part, car la plus grande partie de la poussière enlevée à la plaine par les vents ne s'élève pas à une grande hauteur, à moins d'un ouragan; ce sont donc surtout les trombes qui l'entraînent assez haut pour le transporter sur le sommet des montagnes[1].

[1] En lisant le mémoire de M. Virlet d'Aoust, dont je n'ai guère eu connaissance qu'au moment de mettre sous presse, on verra que la formation météorique dont je parle n'est pas exactement la même que celle qu'a décrite cet auteur. M. Virlet donne ce nom au terrain très-meuble qui revêt les flancs des grands volcans. Il n'y a pas de doute que la poussière tombée du ciel ne se dépose à l'ombre des forêts de ces montagnes comme ailleurs, mais je crois que la puissante couche dont parle M. Virlet est un mélange de poudre aérienne, de cendres et de terre argileuse entraînée par les eaux, dans lequel la poudre aérienne n'entre que pour une très-faible proportion. M. Virlet cherche une preuve à l'appui de l'origine météorique de ces grands dépôts des flancs des montagnes dans le fait que l'Iztaccihuatl et le Coffre de Pérote sont revêtus de cette même couche quoique n'étant pas des volcans. Il me serait impossible d'adopter cette manière de voir. Dans mon opinion, ces montagnes de trachyte sont aussi bien des volcans que le Citlaltepetl et le Popocatepetl et j'espère réussir à le prouver dans un autre travail. Les puissants dépôts meubles qui couvrent le pied de ces masses (censées non volcaniques), sont sans nul doute

Montagnes assises sur le Plateau.

Si la distribution que j'ai indiquée pour les météores des plaines élevées s'étendait aux montagnes du plateau, la limite des neiges éternelles se trouverait reculée à une grande hauteur, vu que la neige ne pourrait se déposer qu'en été, précisément à l'époque où elle fond déjà en grande partie au moment même de

formés, aussi bien qu'au pic d'Orizaba, de déjections mêlées aux débris de leurs rochers. Du reste, j'ai observé ce même terrain dans la plaine, là où des ravins le mettent à nu et je lui ai vu souvent prendre une nature argileuse par la décomposition. Les innombrables blocs basaltiques et trachytiques qu'on y trouve enchâssés prouvent que ces dépôts sont dus à des amas de cendres et de blocs volcaniques, lancés dans les éruptions et peut-être entraînés par les eaux sur de petites étendues.

Ce n'est pas seulement sur les cônes et sur les massifs volcaniques qu'il faut chercher la couche aérienne, mais avant tout sur les montagnes calcaires ou sur les nappes soulevées, sur l'origine non volcanique desquelles il ne peut y avoir de doute. C'est seulement ici, où aucune cheminée n'a jamais fonctionné, qu'on peut éviter la chance d'erreur qui gît dans la ressemblance qu'offrent entre elles les couches formées par des amas de déjections volcaniques de la montagne même et la couche aérienne. Or on ne trouve pas sur les montagnes calcaires ces puissants dépôts mêlés, si caractéristiques des flancs des volcans, à moins qu'on ne puisse les rapporter aux éruptions des cônes voisins. Je doute donc que cette épaisse couche dont parle M. Virlet soit bien formée en plus grande partie par le transport aérien.

Du reste, je n'entends rien retrancher par là au mérite du mémoire de M. Virlet, qui, le premier, a signalé l'existence de la formation météorique. Je puis moi-même me tromper dans mon opinion et je livre la question aux géologues.

sa chute. Il en résulterait aussi que la limite inférieure
des neiges éternelles serait plus basse en automne
qu'au printemps, car durant la longue période de sécheresse qui correspond à notre hiver, leur fusion
s'avancerait rapidement, malgré la gelée de la nuit
et l'action réfrigérante des vents du nord. C'est
bien ce que l'on pourrait préjuger en effet, mais tel
n'est cependant point le cas, et l'observation prouve
que les météores obéissent dans les hautes montagnes
à des lois autres que sur la table du plateau.

Dans l'examen de cette question, il faut distinguer
deux catégories de montagnes, savoir : les groupes
étendus et non interrompus de hauteurs, ou massifs ;
et les pics plus élevés encore, mais aussi plus isolés.

Groupes des Montagnes.

Ces massifs dont j'ai déjà parlé, sont composés de
pâtés arrondis multiples, creusés de vallées, bosselés
de mamelons obtus, comme celui de Real del Monte,
ou des chaînes hérissées de cônes et de débordements
volcaniques divers, comme la Sierra de Cuernavaca
p. ex. Aucun d'eux ne conserve de neiges éternelles,
quoiqu'ils s'élèvent à 10-12,000 pieds au-dessus du
niveau de la mer.

Les vapeurs atmosphériques amenées par le Norte
subissent en hiver dans ces montagnes, la même influence que sur le versant du plateau ; elles se condensent contre ces barrières ou se précipitent dans
les anfractuosités où s'opère le mélange des diverses

couches d'air. Il règne donc dans ces régions un brouillard continuel, accompagné d'averses et de giboulées de neige lorsque souffle le Norte. L'hiver y ressemble donc à l'été, si ce n'est qu'il est plus froid, que fréquemment la neige persiste quelques jours sur le sol et que les chutes d'eau ne sont pas orageuses, comme elles le sont souvent durant la saison des pluies.

Pics isolés.

Ceux-ci subissent presque la même loi que les massifs, mais à un degré moindre. Les chutes d'eau y sont moins fréquentes et probablement aussi moins abondantes, parce que les pics n'opposent pas au vent une barrière aussi efficace que les régions montagneuses plus ou moins étendues, comme nous l'avons vu en parlant des pluies estivales. Leur forme simple et convexe permet à l'air de s'écouler plus régulièrement à leur surface, souvent même sans s'y refroidir beaucoup et sans qu'il s'y produise ces mélanges qui sont la cause principale de la condensation. Cependant on voit fréquemment en hiver les volcans s'envelopper de brouillards épais, tandis qu'un soleil radieux brille dans les plaines les plus voisines. Lorsque le voile brumeux se déchire, les montagnes apparaissent revêtues d'un manteau de neige fraîche qui s'étend très-bas, mais dont la limite inférieure remonte ensuite rapidement. Ce phénomène est surtout remarquable sur les volcans dits de Mexico, le Popocatepetl et l'Iztaccihuatl qui forment ensemble une sorte de chaîne et qui sont à cause de cela plus aptes que les cônes isolés à provoquer la condensation[1]. En même temps on voit souvent les neiges éphémères s'étendre sur les montagnes beaucoup moins élevées d'Axusco[2], du Monte de las Cruzes, de Rio-frio, et y séjourner deux ou trois jours[3]. Il y a quelques années on vit même la neige tomber dans toute la vallée de Mexico, s'y déposer à dix centimètres d'épaisseur et s'y conserver ainsi pendant deux jours. Mais ce fait, tout exceptionnel, est très-rare et on prétendait à Mexico qu'il ne s'était pas présenté depuis près d'un demi - siècle. Cependant Humboldt nous apprend qu'on a vu neiger même à Morelia, à 400 mètres plus bas que Mexico.

Je crois la Malinche[4] moins sujette aux fréquentes chutes de neiges hivernales que les volcans qui entourent la vallée de Mexico, soit à cause de son isolement

---

[1] En hiver comme en été il se passe donc le même phénomène sur les pics isolés, à savoir que le vent y glisse sans être influencé comme dans les régions montagneuses, mais tandis qu'en été la température élevée empêche la condensation continue et assujettit les pics à la même loi que la plaine, en hiver le froid est suffisant pour permettre souvent aux brouillards de se former et de persister plus ou moins longtemps.

[2] Altitude 3675 mètres.

[3] Rio-frio 3000 ᵐ. — Les neiges éphémères tombent au Mexique selon Humboldt à 2100 ᵐ plus bas que sur le plateau de Quito.

[4] Ancien grand volcan trachytique voisin de Tlaxcala, formant une masse isolée assise au milieu de la plaine. Altitude 4096 mètres.

soit à cause de sa situation, au milieu des grandes plaines sablonneuses du plateau. Ces plaines s'échauffent beaucoup plus pendant le jour que les prairies et les marécages de la vallée qui borde au N-O. les volcans de Mexico et de la chaîne de montagnes qui s'étend à leur couchant. Quant au pic d'Orizaba, il occupe une position analogue à la Malinche, par le fait de son versant occidental qui vient s'épanouir dans la plaine sablonneuse de Cholchicomula, mais son versant oriental plonge dans la cordillère d'Orizaba et s'étend jusqu'à mi-côte du versant du plateau. Si donc d'un côté il est soumis à de nombreuses causes de sécheresse, de l'autre il doit participer aux pluies hivernales de la Cordillère qui ne peuvent se déposer qu'en neige sur son cône. Aussi la face orientale de cette montagne est moins dégarnie de neige en été que celle du Popocatepetl [1]. Toutefois au mois de mars j'ai vu le pic d'Orizaba rester libre de brouillards ou seulement offrir en général autour de sa cîme un petit nuage fixé à ses neiges.

En tout cas, la précipitation des vapeurs se fait moins souvent sur les pics isolés que sur les massifs

---

[1] Tout ce qui tient aux neiges éternelles des volcans du Mexique forme pour les voyageurs un sujet de recherches d'autant plus intéressant, que chaque montagne a presque sa loi spéciale, influencée qu'elle est par la variété des météores des zones physiques les plus voisines. Je crois que Humboldt a fixé une distance trop considérable entre la limite des neiges perpétuelles et celle des neiges persistantes d'hiver, plaçant la première à 4600 m. d'altitude, et la seconde à 3700.

moins élevés mais plus étendus, parce que la petite couche d'air qui se rafraichît sur les neiges est facilement entraînée par le vent et rejetée dans l'atmosphère, où la faible quantité de vapeur vésiculaire qui s'est formée, se dissout sans en altérer la transparence[1].

Le 9 mars 1855, étant assis tout près du sommet du pic d'Orizaba, je vis distinctement ce phénomène se produire sous mes pieds. Il soufflait le vent du nord et par places les champs de neige fumaient, c'est-à-dire que la vapeur se condensait à leur extrême surface, et se dissolvait à quelque hauteur, tandis que dans les anfractuosités ou sur les convexités où venaient converger des courants d'air, il se formait de petits *cumuli*. Par moments ces brouillards se détachaient des anfractuosités où ils avaient pris naissance et s'élevaient en l'air ou s'avançaient vers moi en rasant les champs de neige. Au moment du départ ils ressemblaient à de grands ballons moutonnés, puis, tout en voyageant, ils se fondaient, diminuant

---

[1] Il serait essentiel d'observer la fréquence des chutes de neige, la quantité d'eau qui se précipite en hiver sur les pics et la quantité qui tombe pendant chaque mois d'hiver, car le moment où tombe la neige a une grande influence sur la limite des neiges éternelles. Je crois que les mois de mars et avril sont ceux où il en tombe le moins par la raison que le Norté souffle rarement dans cette saison et que la chaleur, ainsi que la sécheresse de l'air[1] font alors reculer la ligne des neiges.

[1] Pendant ces deux mois le plateau atteint son maximum de sécheresse. Le mois de mars est partout au Mexique le plus sec de l'année.

de grandeur et d'intensité jusqu'au moment où ils devenaient transparents et s'évanouissaient. Ces vapeurs devaient, de la plaine, paraître insignifiantes, et à ce moment la montagne vue de loin, se détachait sur un ciel pur [1].

Neiges perpétuelles.

Malgré toutes les causes qui diminuent la chute et l'entassement des neiges sur les hautes cimes, leur quantité augmente pourtant pendant l'hiver, grâce à une condensation périodique qui ne se produit point (ou seulement rarement) dans les plaines élevées qui les entourent. Néamoins le soleil toujours chaud les combat et les refoule graduellement, surtout pendant les mois de mars et d'avril. L'évaporation de la neige si considérable à ces altitudes par le ciel pur du printemps, et l'extrême sécheresse de l'atmosphère

[1] Un fait analogue se passe quelquefois à la cime du Mont-Blanc. Lorsqu'il souffle une forte bise (vent du nord), par un ciel serein, on peut voir de Genève une traînée blanche, qui s'étend sous le vent à droite de la cime. Les bateliers du lac qui ont une grande habitude du temps, prédisent une bise de longue durée à la vue de ce signe qu'ils attribuent à un tourbillon de neige arrachée à la montagne par le vent. Mais il est évident que cette traînée n'est qu'un brouillard. Le vent en passant rapidement sur le Mont-Blanc, ne donne pas lieu à condensation, mais en aval de la cime il s'établit un contre-courant dans la partie de l'atmosphère qu'abrite la pyramide terminale. Dans cet espace, il s'opère un mélange de l'air qui s'est refroidi en glissant sur la neige avec l'air libre moins froid ; de là cette nuée allongée qui s'étend à droite de la cime et dont la limite supérieure est formée par une ligne horizontale qui part du sommet de la montagne.

contribuent aussi puissamment à leur disparition bien au-dessus des limites normales des neiges éternelles [1].

La distribution des météores aqueux sur les hautes montagnes du Mexique se lie sous tous les rapports à celle des neiges éternelles. De tout ce qui précède on peut conclure que la limite de ces dernières est incontestablement plus haute que ne le voudrait le seul fait de la latitude et de la température moyenne des lieux [2]. La plus forte condensation de beaucoup se faisant en été, la plus grande masse d'eau tombe en pluie qui s'écoule immédiatement, ou en neige qui fond presque aussitôt tombée. La proportion de neige

[1] Voici un exemple frappant de l'influence que peuvent exercer les causes locales sur la limite des neiges. Selon Humboldt le volcan d'Aconcagua (Chili), quoique sous une latitude beaucoup plus élevée que les volcans du Mexique a été vu complétement privé de neige, et cependant sa hauteur dépasse de 450 m. celle du Chimborazo, (par conséquent de 1580 celle du Popocatepelt). La limite des neiges perpétuelles est si loin d'être en rapport direct avec la latitude des lieux que sur la Cordillère du Chili, elle paraît être de 800 m. plus élevée que sous l'Equateur.

[2] Humboldt estime que sous l'équateur la décroissance de la chaleur en altitude est de 1^0 degré par 200 mètres. Bouguer place la limite des neiges sous le tropique à 4,444^m et Humbold à 4,795. Les mesures de ce voyageur prises sur les quatre grandes montagnes du Mexique, montrent que dans ce pays elles s'arrêtent entre 4,500 et 4,600^m.

Entre les tropiques l'uniformité de la température entraîne une grande uniformité dans la limite des neiges éternelles. Celles-ci ne se prolongent pas dans les ravins et la distance qui les sépare des neiges persistantes de l'hiver est faible.

qui tombe en hiver est relativement petite, et cette
neige est loin de s'emmagasiner en totalité, parce
que les nombreux jours de beau temps qui s'inter-
calent entre les chutes de neiges ne lui permettent
pas de s'entasser rapidement à une grande épaisseur pour former une masse compacte et résistante
dont la surface seule serait exposée à la chaleur atmosphérique. En faisant au printemps l'ascension
du Popocatepetl j'ai trouvé la preuve de la continuation régulière de la fonte des neiges pendant l'hiver
dans le fait que le cône terminal était tellement libre
de neige au levant, qu'après avoir traversé quelques
champs de neige au N.-E., j'ai pu atteindre le cratère par de grandes pentes de sable coulant. Dès la fin
d'avril j'avais déjà remarqué de la Puebla que ces
pentes étaient dégarnies de neige jusqu'au sommet,
mais j'ignore si en creusant dans les sables on n'aurait
pas trouvé dessous des neiges anciennes ou de la
glace. Cependant le fait me paraît peu probable.
Une autre remarque conduit à la même conclusion.
On voit sur le versant nord du dôme neigeux une im-

Quoique l'uniformité constante de la température tende à diminuer à mesure qu'on s'élève au-dessus du niveau de la mer,
les neiges ne varient sous l'équateur que de 60^m et leur limite
est à 4,800^m. Mais au Mexique où les variations de la température sont beaucoup plus sensibles, leur oscillation est déjà de
600^m. Au Popocatepetl Humboldt a trouvé en juillet la limite
des neiges à 4,520^m et en février à 3,820^m. Mais ce dernier
chiffre ne peut se rapporter qu'à la limite inférieure des neiges
de la face N. O. où elles s'étendent plus bas que sur les autres
faces.

mense aiguille de rocher, étroite d'un côté, élargie en paroi de l'autre, et que je considère comme le dernier reste fort dégradé des bords d'un ancien cratère. Au mois de mai, c'est-à dire à la fin de l'hiver, cette paroi était tapissée de magnifiques traînées de glace, étendues de haut en bas comme des stalactites gigantesques; celles-ci n'avaient pu se former que par l'écoulement lent et très-longtemps prolongé des filets d'eau résultant de la fusion graduelle des neiges qui se déposent à chaque chute sur les tablettes de rochers de l'aiguille. Ni la pluie qui tombe à une température supérieure à zéro, et qui s'écoule immédiatement, ni des ruisseaux qui ne sauraient se former sur cette aiguille, n'ont pu produire ces immenses glaçons. Il a fallu pour les créer cette alternance entre la chaleur de la journée qui continue la fusion des neiges pendant tout l'hiver, et la gelée intense de la nuit qui surprend et fixe les eaux au moment même de leur écoulement.

Tout semble donc prouver qu'au Mexique durant le cours de l'hiver trois circonstances règlent et modèrent sans cesse l'entassement des neiges : 1° les chutes périodiques; 2° la diminution quotidienne par la chaleur de la journée; 3° la congélation pendant la nuit d'une partie de l'eau provenant de leur fusion. Ce dernier terme de l'équation des neiges éternelles crée un arrêt journalier du second, et il joue par conséquent, quant à la marche de la diminution des neiges, le même rôle que l'échappement dans une horloge.

Quelle est la proportion d'influence de chacun de ces termes de l'équation, c'est ce que de longues observations pourront seules établir. Elle n'est naturellement pas la même sur toutes les montagnes et varie aussi sur les versants de chacune d'elles avec leur exposition. Comme corollaire de cette proposition, on voit déjà que l'oscillation entre la limite des neiges persistantes de l'été et celle de l'hiver est relativement minime, et ne peut en rien se comparer à celle qui s'observe sous des latitudes moins basses, où la provision annuelle se fait presque d'un seul coup et sans grande déperdition pendant tout le cours de l'hiver. Il en découle aussi que la limite des neiges perpétuelles est plus élevée qu'elle ne le serait si les neiges continuaient à s'accumuler en hiver comme sous la zone tempérée. Dans la comparaison de leur hauteur sous les différentes latitudes, on a trop souvent omis ce facteur de la saison pendant laquelle s'accomplissent les plus grandes chutes d'eau. Cependant cette considération est peut-être plus importante au point de vue de l'accroissement ou de la disparition des neiges que celle de la température moyenne des différentes altitudes.

Une seconde considération essentielle se rattache à la configuration des montagnes. Dans les Alpes qui présentent des formes déchirées, le vent entasse les neiges dans les ravins et dans les vallées, moins exposés aux rayons du soleil que les arêtes et les rochers. C'est dans ces enfoncements que se forment les glaciers qui, grâce à leur masse si lente à fondre, descendent beaucoup plus bas que les champs de neiges et contribuent à abaisser la limite moyenne des neiges éternelles, là où ils existent en assez grand nombre pour rafraîchir l'air à quelque distance. Les grands volcans de l'Amérique n'ont point ces formes découpées ; leurs masses en forme de dômes ne se prêtent pas à la production de grands glaciers ; ils ne se couvrent que de nappes de neige d'une épaisseur moindre, étendues sur une plus grande surface, plus faciles à fondre et qui ne s'avancent pas en glissant jusque sur les régions plus basses, comme le font nos glaciers. Sur ces montagnes beaucoup plus uniformes, la limite moyenne des neiges est plus régulièrement marquée. Si l'on tient compte de toutes ces circonstances dans la recherche de la limite théorique des neiges éternelles sous les diverses latitudes, on pourra facilement se convaincre que, sous des influences météorologiques identiques, les différences qui ne seraient dues qu'à la latitude seule, paraîtraient beaucoup moins prononcées qu'on ne l'a établi d'après la simple observation de l'altitude réelle des neiges. Si l'on pouvait donner aux pics des Cordillères ces formes compliquées qu'affectent les cimes des Alpes et y distribuer d'une manière égale les chutes d'eau entre l'hiver et l'été, conformément à l'ordre établi dans nos montagnes, on

verrait la limite inférieure des neiges s'abaisser sensiblement. Dans l'appréciation de leur limite virtuelle
sous différentes latitudes, il ne faut donc pas prendre les hauteurs observées comme des normales
dues à la seule température qu'entraîne leur position géographique, puisqu'elles sont si fortement
influencées par l'orographie et par les lois particu-
lières qui règlent les météores aqueux sous les tro ·
piques [1].

Le cône de cendres qui, dans les volcans les plus
élevés, est seul occupé par les neiges, n'offre pas d'anfractuosités assez profondes pour loger des glaciers.
On ne voit de ravins que sur les flancs boisés des
montagnes où il s'est creusé des coulisses d'érosion;
mais les neiges n'atteignent pas assez bas pour s'y
accumuler [2]. C'est donc seulement entre les coulées
de lave du cône terminal que des glaciers proprement
dits pourraient s'étendre; mais ils ne trouveraient pas
dans les champs de neige du sommet un aliment suffisant pour leur formation, car nulle part on ne voit
converger plusieurs grandes pentes de neige vers un
bassin commun. Cependant il est probable qu'on
trouvera quelque chose de semblable dans l'enco-
gnure que forment ensemble le dôme du Popocatepetl et l'aiguille de rocher dont j'ai parlé ci-dessus,

[1] Voyez la note II à la fin de ce chapitre.

[2] Sur la face N.-O. du pic d'Orizaba, la limite des neiges
est seulement de 858 m. inférieure au sommet de la montagne,
d'après les mesures du baron de Müller.

parce qu'ici les neiges convergent de deux côtés vers cette espèce de gorge.

Malgré les causes qui semblent s'opposer à la production des glaciers dans les hautes régions du Mexique, ce n'est pas à dire cependant que des nappes de glace y fassent absolument défaut. Sur le versant nord du cône du Popocatepetl il existe un enfoncement en forme de ravin qui renferme le petit glacier où l'on exploite en été la glace consommée en grande quantité à Mexico. Ce glacier est parfaitement caractérisé; c'est vraiment une miniature de nos glaciers des Alpes et il mérite à tous égards le nom de glacier, car il offre les mêmes ondulations, les mêmes fentes, les mêmes pyramides de glace que ceux de la Suisse. Il se termine par une petite moraine d'environ deux mètres d'épaisseur, et au dire des ouvriers qui travaillent à l'exploitation des glaces, il avance ou recule suivant les années.

Je n'ai point rencontré de névés proprement dits sur les pics du Mexique, ni aucune de ces formes spéciales sous lesquelles les neiges se présentent dans les Alpes, lorsqu'elles s'acheminent vers une transformation en glace. En gravissant le Popocatepetl par le côté du levant, on ne traverse au mois de mai que des champs de neige fondante. Je ne connais du Citlaltepetl que la face S ou SS.-O. Au mois de mars je n'y ai point rencontré de glace, mais seulement de grands champs de neige qui se prolongent jusqu'au sommet et qui étaient par places couverts d'une mince croûte de neige passant à l'état de glace, sous laquelle on trouvait une neige gelée et pulvérulente rappelant un peu celle des névés, et dans laquelle on enfonçait jusqu'aux genoux. On m'a affirmé cependant que sur le versant N.-O. il existe de la glace vive. Heller rapporte aussi que, sur ce versant, la montagne est couverte de glace, mais qu'il n'existe pas de glacier[1]. Il est

[1] Ceci veut dire, sans doute, qu'on ne voit sur la glace aucun des accidents qui caractérisent les glaciers des Alpes, tels que crevasses, aiguilles et moraines. Il ne saurait en être autrement sur un cône convexe, car ces accidents ne peuvent se former que si la glace occupe le fond des ravins. Néanmoins des nappes de glace, quelque simples qu'elles soient, si elles sont issues de neiges venant de plus haut, constituent bien des glaciers proprements dits ; seulement ils revêtent ici une forme spéciale et très-simple qui rappelle probablement celle de la première origine de nos glaciers, telle qu'elle apparait à leur sommet, voisin de l'endroit où ils se forment. L'étude des nappes de glace sur les cônes des Cordillères et des Andes, comparée à celle de nos glaciers offrirait un grand intérêt en montrant une espèce spéciale de glaciers formée : 1° sous une latitude où les oscillations de la température entre l'été et l'hiver, entre le jour et la nuit, sont beaucoup moins grandes que chez nous, et surtout beaucoup moins basses ; 2° Sur des surfaces convexes et non concaves. Il est évident que sur les cônes, la surface augmentant de largeur de haut en bas, le glacier doit s'étaler en descendant. Ses crevasses, au lieu d'être transversales, doivent donc devenir longitudinales, et, tandis que dans les Alpes, les neiges et les glaces de plusieurs vallées convergent et se confondent comme des fleuves, les glaciers des cônes doivent tendre à se diviser, et à se ramifier en branches divergentes : car il n'est pas probable que la glace soit assez ductile pour s'étaler, à moins qu'elle ne forme une masse très-articulée comme dans les glaciers des Alpes les plus fortement crevassés. Mais cette ramification, en favorisant la

évident que l'Iztaccihualt dont la forme est large et
découpée, ne peut manquer d'offrir beaucoup plus de
variété dans ses neiges que les simples cônes dont il
vient d'être parlé. Sur sa face occidentale qui re-
garde la vallée de Mexico, on trouvera sans doute
des traces de glaciers et d'autres phénomènes imprévus [1]. Les autres volcans à forme massive n'atteignent
pas une altitude suffisante pour conserver des neiges
éternelles, si ce n'est le Nevado de Toluca, dont la
configuration très-compliquée développerait les plus
beaux glaciers, si son altitude était de 2,000 pieds
supérieure à ce qu'elle est. Mais cette montagne n'atteignant pas 14,500 pieds (4,620 m.), ne porte que
des champs de neige.

On voit par ce qui précède que les glaciers de la
Cordillère du Mexique sont tout à fait rudimentaires.
Néanmoins, quel que soit leur peu d'étendue, il en
existe. Humboldt a parlé d'une manière trop absolue
en disant que les glaciers ne paraissaient pouvoir se
former sous les tropiques. Leur absence ne dépend

fusion de la glace, est un obstacle aux progrès des glaciers.
L'étalement analogue que subissent les simples neiges des cônes du Mexique dans leur progression sur les flancs de la
montagne, contribue donc probablement aussi pour une certaine
part à en remonter la limite.

[1] J'aurais vivement désiré pouvoir étudier cette montagne
qui offre un genre d'intérêt tout spécial, comme étant au
Mexique le seul massif à formes compliquées qui porte une
quantité de neige considérable ; mais la brusque arrivée de la
saison des pluies, qui se déclara le lendemain de mon ascension
au Popocatepetl, devint un obstacle absolu à toute tentative de
ce genre.

pas seulement de la latitude ; elle résulte aussi de la
configuration géologique, de l'orographie et de causes accidentelles étrangères à la situation géographique, sans lesquelles il s'en formerait certainement ; et
ces conditions pourraient se trouver réalisées sous les
tropiques aussi bien qu'ailleurs. On peut même affirmer que si les grandes montagnes du Mexique, au
lieu d'apparaître sous la forme de volcans isolés,
étaient formées par une longue chaîne de soulèvement à couches déchirées, elles engendreraient de
fort beaux glaciers, sans dépasser les altitudes qu'elles
atteignent.

Quant aux neiges perpétuelles, elles couvrent des
surfaces étendues et s'accumulent à une assez grande
épaisseur, comme on peut s'en convaincre au bord
du cratère du Popocatepetl où leur tranche se voit
à nu. Néanmoins leur rôle hydrographique est
minime : car il n'existe au Mexique que quatre montagnes neigeuses, sur lesquelles deux fort élevées,
mais dont la forme de pain de sucre circonscrit les
neiges à une très-petite surface ; et deux à formes
larges, mais dont l'altitude moindre ne permet plus
aux neiges de se développer qu'entre des limites ver-
ticales restreintes. De ces deux dernières, le Nevado
de Toluca ne s'étend dans la véritable zone des neiges que par des aiguilles de rochers et des arêtes
peu propices à leur conservation, en sorte qu'au
gros de l'été, il n'en subsiste que de faibles quantités [1].

[1] M. Béron attribue à la fonte des glaciers de la Cordillère

Résumé.

J'ai cherché à esquisser les phénomènes qui accompagnent la chute des eaux dans la plus grande portion du Mexique. On a vu que le plateau et une partie de la zone maritime sont secs en hiver; que le pays tout entier est inondé de pluies en été; mais que la zone montagneuse et inclinée qui relie la côte au plateau est sujette à des pluies continuelles en toute saison, en sorte qu'il n'y tombe pas moins de 2,5 à 3 mètres d'eau par an. On a remarqué aussi que les orages réguliers et tropicaux de l'été sont communs au plateau et aux régions plus basses (quoique leur régularité soit moins grande sur le premier), tandis que les pluies fines et chroniques appartiennent aux districts froids et montagneux, plus élevés que le plateau; enfin, que les pluies d'hiver dans les régions chaudes [1] se comportent comme celles d'été dans les zones froides et offrent le même caractère extra-tropical.

J'ai signalé le fait probable d'une influence de la végétation sur la température du pays. Dans la zone maritime, il ne pleut pas en hiver par le Norte sur les districts sablonneux dépourvus de grandes forêts (Vera-Cruz), tandis qu'il pleut souvent dans ceux qui

du Mexique la recrudescence du golfstream qui se manifeste au printemps! L'influence des glaciers et même des neiges perpétuelles sur les rivières du Mexique est nulle ou insignifiante.

[1] Versant de la Cordillère, Jalapa, Orizaba, Zacapoaxtla, etc.

situés plus au nord, sont fortement boisés (Tuxpan)[1].

Quant à la nature des chutes d'eau, on peut les classer en deux catégories, savoir :

1º Les pluies tropicales régulières, quotidiennes et orageuses, qui tombent de haut, qui ont lieu pendant l'été (ou saison des pluies) et cela sur l'universalité du pays, aussi bien sur la côte que sur le plateau et son versant.

2º Les pluies basses non tropicales, accompagnées de brouillards, provenant d'une condensation dans les régions inférieures de l'atmosphère et ne se manifestant en été que dans les groupes de montagnes à de grandes altitudes (8 à 12,000 pieds; Real del Monte, etc.), tandis qu'en hiver elles envahissent le versant oriental de la Cordillère et même par moments les côtes boisées du golfe.

Si l'on envisage les hydrométéores dans leurs rapports avec l'orographie, on peut diviser le pays en trois sortes de régions, savoir :

1º Les plaines, qu'elles soient basses ou élevées ; il n'y pleut qu'exceptionnellement en hiver, surtout si

---

[1] Ce point reste assez vague dans mon esprit et je le recommande à l'étude des voyageurs. Si les choses se passent bien comme je le suppose, on pourrait conclure que le déboisement de la zone maritime, réchauffant son climat, diminuerait la fréquence des pluies d'hiver. Le climat de la Louisiane a changé du tout au tout depuis deux siècles sous l'influence du déboisement des Etats-Unis et s'est considérablement réchauffé. C'est du moins ce que l'on doit admettre d'après les relations du 17e siècle, comme l'a montré M. Thomassy. (*Géologie pratique de la Louisiane.*)

leur surface est nue, et elles ont sous ce point de vue météorologique un cachet tout tropical[1].

2° Les montagnes basses, ou le versant du plateau, auquel on peut joindre les parties les moins chaudes de la côte. Dans cette région il pleut aussi en toute saison, mais d'une manière différente. En été les pluies y sont orageuses et tropicales, en hiver chroniques et extratropicales. Cette zone prend en hiver le caractère des régions subtropicales, où il pleut surtout en hiver[2], tout en reprenant en été le caractère tropical de sa latitude.

3° Les groupes ou massifs de montagnes plus élevées que le plateau qui offrent toujours dans les pluies le caractère d'irrégularité propre aux hautes latitudes, mais en conservant la persistance des pluies subtropicales. Ces régions ont un caractère extratropical en toute saison, en ce sens qu'il y pleut (ou neige) tout l'hiver et que l'été, bien que très-pluvieux aussi, amène des pluies variables, tantôt chroniques, tantôt orageuses, mais non exclusivement les orages réguliers caractéristiques de la zone tropicale.

---

[1] Dans ces régions on observe l'ordre régulier de la ceinture tropicale des hydrométéores, caractérisés par les pluies d'été (voyez p. 15.) Toutefois sur les limites du Guatemala déjà, on voit apparaître le caractère de la seconde ceinture (à double saison pluvieuse.) C'est pourquoi dans le Tabasco les rivières qui viennent du Guatemala ont une double crue, l'une en juin et juillet, l'autre en octobre.

[2] La zone subtropicale de l'Afrique septentrionale et du Portugal par exemple, offre le caractère d'une grande sécheresse en été et d'une humidité constante en hiver.

4º A côté de ces régions montagneuses très-élevées, les pics ou grands volcans plus élevés encore (dont plusieurs couronnés de neiges perpétuelles), mais isolés. Ceux-ci jouissent d'un état météorologique mixte, intermédiaire entre celui des plaines sur lesquelles ils s'élèvent et celui des massifs de montagnes dont il vient d'être question. Ils pourraient s'assimiler avec ces derniers si leur météorologie n'était influencée par celle des vastes plaines qui les environnent. En été ils subissent les mêmes orages tropicaux que ces plaines; en hiver ils se couvrent fréquemment de brouillards et sont humectés par des pluies et des neiges basses, mais moins fréquemment que ne le sont les amas de montagnes complexes.

Ces diverses régions ne dessinent pas des bandes continues, mais elles sont semées par lambeaux sur le pays et y forment une espèce de mosaïque[1].

A la première appartiennent la bande étroite de la côte et une partie du Yucatan, ainsi que le plateau, puis divers districts assez bas, comme le pays de Cuernavaca qui forme un vaste gradin au versant sud et sud-est (terminal) du plateau. Dans ce groupe peuvent aussi se ranger quelques vallées plus ou moins larges, intercalées entre les contreforts de la Cordillère, des amphithéâtres formés par elle, et même des districts bas et ondulés.

[1] C'est ce qu'a très-bien indiqué Humboldt en disant que les lignes de culture du Mexique ne peuvent être tracées que sur des profils et non sur la projection horizontale du pays comme on les trace pour les contrées européennes.

La seconde apparaît sous la forme d'une bande parallèle à la côte, assez étroite, large de 10 à 20 lieues environ, formant la partie principale du versant du plateau, avec diverses ramifications de cette bande.

La troisième n'est formée que par des pâtés plus ou moins isolés qui s'élèvent pour la plupart du niveau du plateau, comme par exemple : le Real del Monte, celui d'Angangeo et je crois aussi une certaine étendue du Mechoacan; puis des chaînes de montagnes, comme la Sierra de Cuernavaca, et probablement celle de Guanajuato, etc.

La quatrième se borne aux grandes montagnes isolées dont le nombre est restreint.

Cette distribution des météores a une immense influence sur l'hydrologie du Mexique, et il était juste de l'exposer brièvement avant d'aborder ce qui concerne l'écoulement des eaux[1].

[1] Cet exposé n'est qu'un simple essai qui ne saurait être exempt d'erreurs. Je recevrai donc avec reconnaissance les observations que les voyageurs ou les savants du Mexique voudront bien me faire à ce sujet.

APPENDICE AU CHAPITRE Ier.

Pour compléter ce chapitre, dans lequel il n'a presque été question que du plateau et de la côte orientale du Mexique, j'ajoute ici quelques détails relatifs à la côte occidentale d'après les notes qu'a bien voulu me fournir M. F. Craveri.

Le littoral du Pacifique offre, comme celui de l'Atlantique, une zone basse maritime, à climat éminemment chaud. La côte mexicaine dépasse notablement le tropique au nord, mais elle conserve néanmoins partout un cachet tropical jusqu'au fond du golfe californien. Il faut probablement en chercher la cause dans les montagnes de la Basse-Californie, qui en sont assez rapprochées pour former comme un boulevard contre les vents régnants du nord-ouest, au profit de la côte de terre ferme.[1] De plus la nature granitique et la nudité de la presqu'île, ainsi que l'absence presque absolue de pluie, qui favorise l'échauffement extraordinaire de son sol, contribuent sensiblement à élever la température de la mer de Cortès et de la côte continentale. Les vents nord-ouest perdent leur âpreté en passant sur la Basse-Californie et arrivent tempérés à la côte de

[1] Ces montagnes sont peu élevées. Le sommet le plus saillant est le *Cerro de la giganta* : altitude 1370 ᵐ.

la Sinaloa et de la Sonora, tandis que plus au midi, entre les limites du tropique, ils viennent directement frapper les bords du continent sans avoir subi une aussi grande modification. De là : abaissement de la température de la côte tropicale, du Xalisco, de Colima, et du Guerrero, élévation de celle de la côte extra-tropicale de la Sinaloa et de la Sonora. Ainsi s'explique le fait que par le 32e degré de latitude nord la flore de la plage offre encore un caractère tropical bien marqué et tout analogue à celui des régions plus méridionales de la même côte. D'Acapulco jusqu'au Rio Colorado, tout le terrain qui fait berge à la mer jouit d'un climat essentiellement tropical. C'est à la même cause qu'il faut attribuer la grande différence de température qu'on observe entre les deux versants de la presqu'île de Californie; la plage qui fait face à l'Océan ayant un climat rude et âpre, tandis que la côte orientale, bien abritée, jouit de la même douceur de température que celle de la Sinaloa.

Au nord de San-Blas, la zone maritime s'étend avec une largeur plus ou moins considérable sur une longueur de 4 degrés de latitude. Au sud de cette ville, au contraire, la Cordillère prolonge ses ramifications jusqu'à la mer et y forme des contreforts considérables. Sur toute cette longue ligne, on rencontre toujours à l'est le parapet plus ou moins élevé qui supporte le plateau, tantôt plus rapproché de l'Océan, tantôt plus éloigné et s'annonçant d'abord

par des collines, servant de base aux grandes ondulations qui conduisent aux plaines élevées. Ces collines
n'ont pas, comme sur le plateau ou sur le versant
oriental, une surface terreuse ou décomposée; elles
sont granitiques ou serpentineuses. Ici tout est terrain métamorphique et c'est dans cette formation géologique qu'on rencontre les gîtes métallifères. La véritable chaîne est trachytique et porte comme cou-
ronnement des restes de porphyres et de trapps.

Comparé au versant oriental du plateau mexicain,
le versant occidental s'abaisse plus insensiblement
vers la mer, par des pentes douces; il est aussi plus
ouvert, n'offrant pas de vallées transversales. Toutefois le dernier gradin qui borde le plateau est fort
rapide et c'est avec peine que les mulets le franchissent.

Une grande coupure est ouverte dans la masse des
terrains soulevés; elle sert de thalweg au Rio-Grande
de Santiago et va déboucher sur la côte de San-Blas
par le 21ᵉ degré de latitude. Cette vallée établit une
rampe douce qui conduit du plateau de l'Anahuac à
l'Océan pacifique en évitant les sauts brusques qui, sur
le versant opposé, indiquent si nettement les étages
successifs. Aussi la dépression de cette longue vallée
restera-t-elle toujours la grande voie de communication entre la capitale et la côte.

Les collines qu'on gravit en s'éloignant des bords
de la mer, jouissent d'un climat analogue à celui qui
favorise le versant oriental et rappellent, sauf l'ab-

sence de *barrancas*, les vallons enchanteurs de Jalapa.
Quand on a escaladé les derniers degrés de la Cordillère, on arrive sur le plateau qui forme la continuation de celui de Mexico et de Queretaro. Il a le
même aspect; c'est un pays de conifères mêlés de
chênes; son sol est parsemé de collines trachytiques
ou volcaniques qui lui donnent un aspect analogue
à celui des autres plateaux dont nous avons parlé, et
cette physionomie se continue jusqu'à Durango. Les
plaines qui s'étendent entre les collines sont des prairies, tandis que les éminences apparaissent couron-
nées de forêts. Des mesures thermométriques prises
par M. Craveri prouvent que ce plateau a une altitude approximative de 2,200 mètres. En hiver la
neige éphémère y séjourne quelques jours et il y gèle
souvent. Le même voyageur y a observé de beaux
cristaux de glace fibreuse, qui par leur aspect rappe-
laient ceux du chlorhydrate d'ammoniaque du commerce.[1]

Le climat tropical de la zone maritime et l'abondance des eaux stagnantes exercent, comme sur les

[1] Cette observation n'a point été faite à la légère, et elle mérite d'attirer l'attention des physiciens. La glace en question est
formée par une eau limpide qui ne paraît pas chargée de sels.
Elle se trouve enchâssée dans le sol entre des parois de terre à
une profondeur de trois ou quatre pouces et forme de jolis cristaux fibreux, agrégés et placés verticalement. Ce phénomène
se produit chaque année en hiver et dans l'arrière-automne,
sur une étendue de plusieurs lieues, partout où le sol est plat
et sablonneux. Les sables de ces plaines sont trachytiques ou
porphyritiques.

bords du golfe, une heureuse influence sur les plantes qui, favorisées par une atmosphère humide, prennent cet aspect imposant qu'on chercherait en vain dans les régions plus élevées. Mais ces conditions influent sur le corps humain d'une manière opposée; il règne en plusieurs endroits des fièvres intermittentes fort malignes, dites *fièvres de la côte*, que l'on combat par des doses exagérées de quinine. Les ports du Manzanillo, de San Blas et d'Acapulco en sont le plus tourmentés; toutefois il ne règne nulle part d'épidémies immédiatement mortelles, comme celles qui désolent le golfe mexicain, et leur danger n'est pas à comparer à celui de la fièvre jaune.[1]

La succession des saisons ressemble, sur la côte occidentale du Mexique, à ce qu'elle est dans les autres terres chaudes. Les vents du nord y règnent en hiver depuis le mois de novembre comme sur le versant opposé, mais ils ne sont guère dangereux; ils soufflent avec constance et régularité et ne passent pas à l'état d'ouragan comme le fait si souvent le *norte* du golfe. Quelquefois cependant ils sont assez forts pour gêner momentanément la navigation. En

---

[1] La fièvre jaune est uniquement confinée à la côte orientale de l'Amérique. Au Mexique elle ne sévit qu'à Vera-Cruz. Le seul point de la côte du Pacifique où l'on ait observé le *vomito* est la ville de Panama, où la masse des voyageurs étrangers qui fournissent un aliment incessant à ce fléau, l'apportent de la côte opposée. Mais l'épidémie, quoique entretenue par les arrivées continuelles de nouveaux malades, ne se propage pas sur le littoral.

été, il règne souvent dans la mer de Cortès un vent du nord-est entre les mois de mai et d'août. Mais celui-ci ne s'étend guère sur l'Océan; du moins les navires qui s'approchent de la Basse-Californie ne le sentent-ils pas, à moins qu'il ne se confonde avec la brise de terre (*el terral*) qui s'observe le matin et le soir au voisinage de toutes les terres. Le seul vent qui dans ces parages soit bien périlleux, souffle du midi et porte le nom de *Cordonazo de San-Francisco* (Flagellation de Saint-François). Tant que règne le petit vent du nord-est (soit pendant les mois de mai à août), les caboteurs entre Guaymas et Mazatlan n'ont pas à redouter ces terribles ouragans ; mais il serait dangereux de s'aventurer en mer à toute autre époque de l'été. Il est à présumer que le singulier nom de *flagellation de Saint-François* sous lequel ces tempêtes sont connues, a été imaginé par des missionnaires qui les auraient essuyées pour la première fois à la mi-septembre, et qui les auraient prises pour un châtiment, envoyé par le saint au jour de sa fête. Ce vent naît sur l'équateur dans les mois d'été ; il suit les côtes du Pacifique, balaye les plages de l'Amérique centrale[1] et exerce ses ravages sur tout le littoral mexicain jusqu'à Guaymas. En largeur il n'occupe qu'un espace très-restreint : car sur mer il n'est déjà plus redoutable à 100 ou 150 milles des côtes, et sur terre il n'atteint pas le plateau, limitant ainsi

---

[1] C'est probablement le vent qui y est connu sous le nom de Tepeyagua.

ses ravages à la région basse qui avoisine l'Océan.
L'époque de son apparition est inconstante et l'intensité de ses effets dévastateurs n'est heureusement
pas toujours également grande. A Mazatlan son arrivée a lieu vers le commencement d'août, mais il n'est
déjà plus terrible en novembre; toutefois en 1853[2] il
apparut subitement au milieu de juin, et coûta la vie
à un grand nombre de marins attaqués à l'improviste.
Tous les navires surpris sur leurs ancres dans les
ports et les *esteros*[3] où on les met à l'abri des tempêtes, dérapèrent et furent brisés ou portés par les
vagues bien avant dans les bas-fonds.

Le danger du Cordonazo interrompt complète-
ment la navigation de la côte occidentale du Mexique
pe ndan la saison où il règne; car les bâtiments trans-
atlantiques qui abordent quelquefois dans ces parages, pas plus que les caboteurs qui communiquent
d'un port à l'autre, n'osent s'exposer à ces ouragans.
L'inertie à laquelle il condamne les habitants de la
côte pendant l'été a renversé dans leur esprit l'ordre
normal des saisons. L'hiver qui est le moment favo-
rable pour l navigation et le commerce, et durant
lequel toutes les communications sont ouvertes, reçoit le nom d'été (*verano*) et réciproquement l'été

---

[1] Franc. Velasco prétend dans son ouvrage sur la Sonora
que le vent du sud ne se fait sentir qu'à une lieue dans les
terres.

[2] Cette date n'est pas parfaitement certaine.

[3] Espèces de canaux naturels qui font communiquer les
lagunes côtières avec la mer et qui servent de ports.

porte le nom d'hiver. On dit qu'on met un navire en hivernage, lorsqu'on le désarme et qu'on l'ancre dans les canaux où il doit passer l'été.

Le Cordonazo est encore un vent mal connu. D'après les renseignements puisés chez les marins, il paraîtrait que son principal caractère est de souffler avec une indicible violence et de parcourir en peu de temps toute la rose des vents, en décrivant des tournoiements terribles. Les hommes de mer les plus expérimentés de Mazatlan prétendent que tout navire, quel qu'il soit, doit presque infailliblement périr par le Cordonazo, s'il en est surpris à moins de 50 lieues des côtes.

La terreur que cause ce météore dépasse toute expression. On en entend parler sans relâche dans tous les ports par les marins indigènes et étrangers, qui ne trouvent pas de termes assez énergiques pour dépeindre l'horreur de ces tempêtes. Les côtes orientales de la Basse-Californie sont également sujettes au Cordonazo jusqu'au 28ᵉ parallèle, et le port de La Paz possède aussi des *esteros* où, en été, l'on *hiverne* les petits navires. Mais le littoral océanique de la presqu'île est déja exempt de ce fléau, comme trop éloigné du continent et en dehors de la zone étroite où sévissent les ouragans. Il est bien rare qu'un été ne compte pas au moins un Cordonazo, et quelquefois il s'en succède jusqu'à cinq. Sur la terre ferme le météore arrive avec une violence non moins grande que sur la mer, arrachant les arbres, ou les desséchant jus-

qu'à la racine, renversant les maisons et transportant
des masses pesantes à de grandes distances, en sorte
qu'il devient dangereux de s'aventurer hors des habitations solidement bâties. Durant un faible Cordonazo
dont fut témoin M. Craveri, la mer s'éleva d'une manière extraordinaire, remontant des pentes où il sem-
blait impossible qu'elle arrivât jamais. La tempête se
termina par un orage accompagné de coups de tonnerre.

A Mazatlan il ne pleut pas en hiver, sauf à de rares
exceptions. En été il y pleut par le vent du sud-est, tandis que dans la Sierra c'est celui du nord-est qui amène
la pluie[1]. La pluie est plus fréquente dans la Cordillère que sur la côte, et on la voit souvent de Mazatlan
couvrir les montagnes, sans s'étendre jusqu'au port
de mer. Néanmoins, malgré cette absence de pluie
on voit sur la côte des éclairs suivis de coups de tonnerre. Du reste la Sinaloa tout entière, y compris le
versant du plateau qui l'avoisine, paraît être la terre
classique de la foudre. Dans certaines forêts on rencontre presque à chaque pas des arbres qui en ont
été frappés, et l'on voit partout aussi des sapins isolés, brisés par la même cause. Sur une petite région
granitique nue, M. Craveri a compté une centaine de
marques de la foudre[2].

[1] Ce fait tient à des causes locales qu'il serait impossible
d'apprécier ailleurs que sur les lieux mêmes.

[2] J'ajouterai en passant que les tremblements de terre de
quelque importance sont presque inconnus dans la Sinaloa,
mais il s'y produit fréquemment de petites ondulations imperceptibles à nos sens.

La grande presqu'île de la Basse-Californie, quoique si rapprochée de la Sinaloa, diffère totalement du reste du continent par sa climatologie. Baignée par deux mers dont l'une, ouverte jusqu'au pôle, amène des vents chauds ou froids suivant qu'ils soufflent du nord ou de l'équateur, tandis que l'autre, essentiellement méditerranéenne, est toujours un peu tiède et agitée, elle semble réunir toutes les conditions d'un climat excessivement humide. Aussi l'aridité et l'excessive sécheresse de cette contrée, peuvent-elles étonner à bon droit. Loin d'alimenter des forêts plantureuses comme la côte orientale du Mexique, elle n'offre à l'œil qu'une sorte de désert rocailleux, dépourvu de végétation arborescente. Et cependant sa flore, bien que chétive, ne laisse pas que d'être tropicale, au moins sur la côte orientale de la presqu'île, où les arbustes les plus abondants sont des térébintacées aromatiques; mais ces buissons ne suffisent pas pour enlever au pays son aspect désolé. La sécheresse absolue de la péninsule est la seule cause, mais aussi la cause irrémissible, de sa pauvreté, et il est probable que cette circonstance l'empêchera toujours de se peupler. Ses rares habitants répètent tous à l'envi que l'eau seule est la source de leur avoir, mais que le ciel se montre bien avare envers eux de ce précieux élément, et il est facile de s'apercevoir que la plus grande de leurs jouissances est d'entendre le clapotement de la pluie. En été on voit, il est vrai, les nuages se former sur l'Océan; mais ils fran-

chissent les monts de la péninsule comme des aéros-
tats, sans laisser échapper une seule goutte de pluie,
et se portent vers la Cordillère continentale où ils
versent leurs provisions d'eau si fortement enviées
par tous les êtres vivants de la Californie. [1]

La vue de l'eau dans le lit des rivières est chose si
anormale que l'on finit par l'oublier complétement.
Rien ne saurait mieux le prouver que la situation
singulière de la ville de La Paz, capitale de cet étrange
pays. Presque à l'insu de ses habitants, elle est bâtie

---

[1] Autant qu'on peut juger d'un pays qu'on n'a pas visité,
cette absence de pluie dans la presqu'île de la Basse-Californie,
si singulière pour une contrée entourée d'eau, peut s'expliquer
par la nudité de son sol et son échauffement qui en est la conséquence. En effet l'air qui, par le vent du nord-ouest, s'écoule
vers le continent, se desséchant en passant sur la presqu'île,
la tension de ses vapeurs diminue et la condensation ne peut
s'y opérer. C'est exactement ce qui se passe en hiver dans les
plaines de Vera-Cruz, sur lesquelles le *norte* glisse sans laisser
échapper d'eau, tandis qu'il en verse beaucoup à la rencontre
de la Cordillère. On doit en conclure que la condensation re-
commence au-dessus de la mer de Cortès où la cause de disten-
sion cesse, et que, par suite, la côte orientale de la péninsule
que baigne cette mer doit être plus souvent favorisée par la
pluie que la côte occidentale.

Il est probable que si le *norte* soufflait en été sur la plage
de Vera-Cruz, il y pleuvrait tout aussi peu pendant cette saison. Mais l'air étant calme, cette région jouit des pluies estivales régulières qui sont dues, non aux vents régnants, mais à
la force des courants ascendants de l'atmosphère.

Quoique la pluie vienne souvent rafraîchir la côte de la Sinaloa, tout le littoral du Pacifique est loin d'être aussi humide
que la côte orientale. Selon Fr. Velasco, la Sonora souffre
beaucoup du manque d'eau et l'on y a vu creuser des puits de
40 mètres de profondeur sans rencontrer des traces d'humidité.

dans le lit d'un torrent, de telle sorte que la rue
principale en occupe précisément le fond, et il est si
rare d'y voir briller un filet d'eau que les générations
avaient perdu le souvenir de l'existence de cette rivière. Cependant, une année ou l'autre il arrive aussi
que les nuages éclatent sur cette contrée: mais au lieu
d'y apporter l'aisance et le bonheur, c'est la dévasta-
tion et la mort que l'orage traîne après lui. Les éclu-
ses du ciel subitement ouvertes laissent échapper
d'un seul coup les eaux de l'Océan amassées dans les
nues, et malheur à qui se trouve sur leur passage.
De véritables cataractes aériennes font disparaître
les récoltes chétives, si laborieusement arrachées à
l'ingratitude du climat, détruisent les champs, entraînent les plantes et le terrain qui les porte. Le
granit mis à nu résiste seul au cataclysme. La ville
de La Paz fut détruite deux fois dans le cours de dix
années[1] par la violence de son torrent qui n'est borné
que par des lignes de maisons, digues insuffisantes
et faciles à renverser. Les habitants s'obstinent à re-
lever leurs habitations sur le lieu même du désastre,
avec cette démence, la même en tout pays, qui semble s'enraciner dans l'esprit humain avec une force
proportionnelle au danger des lieux menacés, dont le
simple bon sens devrait éloigner son choix.

Pour compléter ces détails, j'aurais désiré donner ici les observations météorologiques faites par

[1] Il ne m'a pas été possible de me procurer des dates précises
relativement à cet événement.

M. Craveri durant son séjour sur la côte de l'Océan pacifique ou sur des points rapprochés de cette côte; mais reproduire ici ces longues pages de chiffres serait sortir de notre cadre. Je me suis donc borné à en déduire les moyennes. Leur examen montre que les orages estivaux éclatent le soir ou la nuit, tandis que sur le versant oriental et sur le plateau c'est au milieu de la journée ou dans l'après-midi que tombe la pluie. Sur la côte immédiate il ne pleut guère, d'après ces observations, qu'une fois sur deux ou trois jours ; mais dans la Cordillère la pluie est presque quotidienne, en sorte que le nombre des orages y est sensiblement égal à celui de la côte opposée. Du reste il serait téméraire de vouloir formuler une loi sur des observations poursuivies pendant un an et demi seulement [1]

[1] Voyez la note IV. On peut en résumer les faits principaux de la manière suivante :

Du 16 au 30 novembre, aucune pluie, quelques nuages.

En décembre, une seule pluie, la nuit.

En janvier, trois pluies diurnes et deux nocturnes.

En février (moyenne), trois pluies.

Du 11 au 31 juillet, deux orages diurnes, huit pluies nocturnes.

En août, aucune pluie diurne ; quinze pluies nocturnes.

Le 30 septembre, un Cordonazo.

En octobre, une pluie diurne, sept nocturnes.

En novembre, aucune pluie.

En décembre, quelques averses.

En avril et mai, aucune pluie.

Il est à remarquer que cette année passait pour fort sèche, autrement il aurait déjà plu dans la Cordillère au mois de mai.

Sur les tableaux de M. Craveri, on voit que la pluie n'a jamais été de longue durée en été; qu'en hiver la pluie diurne se prolongeait rarement pendant la nuit, et que la pluie nocturne ne continuait que très-rarement pendant le jour qui suivait (une fois seulement en février).

NOTES DE LA PREMIÈRE PARTIE.

Note I *(voir la page 38)*.

Sur un orage d'été au sommet du Nevado de Toluca.

Au mois d'août 1856, je fis avec M. Peyrot l'ascension du Nevado de Toluca. Nous étions en pleine saison des pluies et il était presque imprudent de tenter cette expédition à ce moment. Mais comme j'avais déjà été privé de la vue du sommet de l'Iztaccihuat par la brusque arrivée des orages estivaux, je ne voulus pas renoncer au volcan de Toluca et refusai de tenir compte des avis réitérés, par lesquels on cherchait à me détourner de ce projet.

Nous atteignîmes le sommet sans que le ciel parût menaçant, quoiqu'on y vît errer quelques cumuli et que des brouillards rasassent par moments les aiguilles qui couronnent la montagne. Nous nous assîmes au bord du cratère pour rétablir nos forces, et pour jouir un instant du spectacle grandiose qui se déroulait à nos pieds. Du haut des arêtes nous plongions de l'œil dans cet immense amphithéâtre, dont le foyer, depuis longtemps éteint, est maintenant occupé par deux petits lacs, vers lesquels nous nous apprêtions à descendre. Un vent froid et désagréable remontait de ce gouffre, et pendant que nous prenions notre maigre repas mexicain, nous vîmes une nuée épaisse pénétrer dans le cratère par son échancure sudest et remonter vers nous en léchant les parois de l'amphithéâtre. Bientôt nous fûmes enveloppés d'un brouillard glacial. Surpris par ce symptôme menaçant, nous vîmes que nous n'avions pas un instant à perdre si nous voulions visiter le cratère, et je commençai à me dévaler à travers les éboulis, qui conduisent dans la profondeur de l'amphithéâtre. Mais à peine fus-je parvenu à mi-côte que l'orage, éclatant avec une soudaineté surprenante, m'obligea à remonter au plus tôt vers le point de départ.

Ce fut d'abord une pluie fine, puis un petit grésil chassé par un vent violent. En un clin d'œil la montagne blanchit et le froid devint intense. Les coups de tonnerre qui s'étaient d'abord succédé par intervalles, roulèrent alors presque sans interruption, et avec un fracas épouvantable, surtout lorsqu'ils sortaient de l'amphithéâtre du cratère, où je vis plonger à plusieurs reprises la lueur de l'éclair. Jamais par les plus grands orages des Alpes je n'avais entendu pareil vacarme. Sans aucun abri au milieu de ces rochers nus, sans même un bloc derrière lequel nous blottir, il ne nous restait qu'à nous asseoir sur la terre en tournant le dos au grésil. Au bout de quelque temps le froid devint insupportable, et l'épouvante dont la tempête nous remplissait nous chassa du sommet, quoique nous n'eussions point terminé nos observations. Pendant que nous descendions rapidement les flancs rocailleux du sommet du Nevado, la pluie succédait au grésil, et les coups redoublés de la foudre continuaient à nous remplir de frayeur et inspiraient à notre imagination frappée l'idée

que nous allions être atteints par une décharge. Cette
crainte aiguillonnait notre ardeur à gagner la région la
plus basse des forêts. Si aucun de nous n'éprouva rien de
semblable, nous assistâmes cependant à un phénomène
électrique qui ne contribua pas à nous calmer ni à ralen-
tir notre marche précipitée. Pendant que nous suivions
une vallée pierreuse, formée par d'anciennes coulées de
trachyte et où commence la végétation des herbes, l'o-
rage parut se calmer un instant ; les coups de tonnerre
cessèrent ou s'éloignèrent, et nous vîmes avancer un
nuage gris ; il passa au-dessus de nous en nous enveloppant de brouillard et fut accompagné de grésil. Aussitôt
on vit les cheveux de nos Indiens s'agiter comme pour se
soulever. On entendit ensuite un bruit sourd indéfinissa-
ble, d'abord faible, quoique général, mais bientôt plus
fort et très-distinct. C'était une crépitation universelle,
comme si les petits cailloux de toute la montagne se fussent entrechoqués. Nos Indiens terrifiés donnaient dans
leurs propos un libre cours à leur superstition, et il est
de fait que la rumeur qui régnait alors dans la montagne
avait quelque chose d'inquiétant. Ce phénomène dura
cinq ou six minutes, ensuite de quoi la pluie et les coups
de tonnerre recommencèrent de plus belle.

Lorsque nous eûmes atteint la limite supérieure des
forêts, l'orage devint plus supportable et je suppose que
les phénomènes électriques sont en général moins violents dans cette région, parce que d'une part la distance
au foyer orageux est plus grande, et que de l'autre les
décharges partielles sont multipliées et favorisées par le
revêtement arborescent du sol.

M. F. Craveri, physicien de Mexico, que je cite plusieurs
fois dans cette notice, et qui avait fait avant moi l'ascension du Nevado de Toluca à l'entrée de la saison des
pluies, me raconta qu'il avait eu le même spectacle dont

il se souvenait avec terreur. Il observa un état électrique plus violent encore. Le 19 mai 1845, ce voyageur monta au Nevado de Toluca par le côté sud-est, en partant de Tenango, et il redescendit par le versant nord-ouest sur Toluca. Le versant sud-ouest était dépourvu de neige en cette saison.

Le phénomène électrique fut amené subitement par un nuage arrivant de l'ouest et qui avait peut-être pris naissance sur les champs de neige de ce versant. A peine les voyageurs furent-ils enveloppés qu'ils éprouvèrent la sensation que produit l'électricité, et celle-ci fut presque immédiatement suivie d'un bruit sourd. Ils sentirent à toutes leurs extrémités, aux doigts, au nez, aux oreilles, des courants électriques confus. La crainte qui les saisit alors au milieu de ces solitudes élevées leur fit immédiatement commencer la descente d'un pas précipité. Le tonnerre ne grondait pas encore ; mais au bout de cinq minutes il tomba une neige semblable à du riz, et le nuage communiquant son électricité au sol, il s'éleva de celui-ci le même bruit que j'ai indiqué ci-dessus. Ce bruit fut très-intense et il paraissait général dans toute la montagne. Les longs cheveux des Indiens se tenaient roides et hérissés, donnant à la tête de ces gens une grosseur énorme ; la vue de ce phénomène ajoutait à la terreur panique des personnes qui étaient allées chercher une partie de plaisir dans cette expédition et dont la plupart, entièrement étrangères aux lois de la physique, imploraient la Sainte-Vierge, tout en courant avec une vélocité dont leur nature créole ne s'était jamais crue capable.

Le bruit électrique, si singulier, qui se fait entendre dans les rochers de la montagne avant ou pendant l'orage, mérite d'être étudié par des physiciens compétents. Il ressemble au claquement que produiraient les cailloux s'ils s'entrechoquaient en étant alternativement attirés et repoussés par l'électricité ; mais il me paraît certain qu'il tient à une sorte de crépitation ou de pétillement de l'électricité qui s'échappe par les aspérités du sol rocailleux [1].

Il est à remarquer que, dans les deux observations, le phénomène électrique a été accompagné de grésil, ce qui n'est pas sans importance au point de vue de la théorie de la grêle ; car nous nous trouvions immergés dans le nimbus, par conséquent placés fort près de la région où la précipitation s'opérait. Comme plus bas le grésil aurait pu tomber en grêle, nous assistions peut-être à une sorte de formation de grêle sous l'influence électrique. [2]

Quelque hypothétique que soit cette supposition, elle semble se confirmer par le fait que dans la plaine l'orage ne fut pas accompagné de grêle, mais qu'il se borna à un aguacero ordinaire. Le grésil paraissant se former assez habituellement pendant l'orage, autour des cimes des grandes montagnes, en même temps que l'électricité s'y décharge, tandis que dans le reste du ciel la condensation se fait en pluie, ne peut-on en conclure que l'électricité joue bien réellement un rôle important dans la formation du grésil et qu'elle en était ici la cause déterminante? [3]

[1] Pourtant telle ne fut point mon impression au moment même, mais il est vrai de dire que lorsqu'on est surpris par un orage de cette nature à une hauteur presque aussi grande que celle du Mont-Blanc, on songe plus à gagner au pied qu'à s'occuper d'observations physiques.

[2] Ce genre d'état électrique est bien différent de celui qui s'observe en hiver dans les plaines très-sèches du plateau et qui résulte d'une grande tension statique produite par le manque de conductibilité de l'air (voyez p. 54). Ici l'état électrique du sol de la montagne de Toluca tenait au contraire à ce que celle-ci servait de conducteur entre la plaine et un nimbus et à ce qu'une masse d'électricité se déchargeait par les aspérités de sa surface, par un air très-humide.

[3] M. Blanchet cherche à établir, dans divers mémoires sur la grêle du bassin du Léman, que celle-ci résulte de courants d'air froid

Le Nevado de Toluca est une montagne privilégiée pour l'observation des orages, parce qu'elle forme un grand massif, très-large au sommet, en grande partie dépourvu de neige, et hérissé d'aiguilles de rocher, en sorte que, ce qu'on peut appeler son sommet, c'est-à-dire la région rocailleuse qui s'élève au-dessus de la limite des forêts, couvre une vaste étendue sur laquelle les phénomènes des hautes altitudes prennent probablement une plus grande intensité que sur les simples cônes neigeux. La proximité des forêts permettrait d'établir sans trop de peine une cabane sur le bord du cratère, et le danger d'y résider pendant les orages est probablement moins grand qu'on se le figure, car à cette altitude on se trouve le plus souvent enveloppé par le nimbus.

Ce phénomène serait d'autant plus facile à étudier qu'il paraît être très-fréquent, peut-être constant, au début de chaque orage sur les pics isolés et à cette altitude. La double observation faite dans des années différentes au Nevado de Toluca en est l'indice probable, et une troisième observation analogue est due à M. Craveri, qui fut surpris par le même météore près du sommet du Popocatepetl, le 15 septembre 1855, avec cette différence seulement que, se trouvant sur des champs de neige, le bruit de la crépitation des pierres ne se produisit pas.

Quant au fait de ces orages éclatant à ces grandes altitudes, il est aussi constant pendant la saison des pluies que dans les plaines du plateau et je n'ai jamais vu rien qui pût faire supposer que la cime des hautes montagnes dépassât les nuages pendant l'orage. D'ailleurs on sait que les nuages orageux chargés d'électricité peuvent

descendants qui entraînent les glaçons des cirrhus à travers les nuages où ils s'aggrégent rapidement une quantité d'eau. Mais ceci n'exclut pas le rôle de l'électricité et d'ailleurs on voit souvent des causes diverses produire des résultats analogues.

les former à toutes les hauteurs, même aux plus grandes
altitudes, et Humboldt a trouvé sur ce même Nevado
de Toluca, à 4400 mètres au-dessus de l'Océan, des
roches vitrifiées par la foudre. Il suffirait donc probablement d'une simple ascension pendant la saison des pluies
pour voir un orage éclater et le météore se renouveler.
En allant le chercher, et en se préparant un abri, on n'é-
prouverait pas la terreur qu'il inspire au voyageur lorsqu'il le surprend à l'improviste; mais on pourrait tran-
quillement vaquer à des observations préparées d'avance.

NOTE II *(voir la page 84).*

De la végétation sur les hautes montagnes du Mexique.

De même qu'au point de vue théorique la limite inférieure des neiges des volcans du Mexique ne peut être
comparée directement à cette même limite sur les Alpes,
ainsi les limites de la végétation, sous la zone torride et
sous la tempérée, ne sauraient non plus être mises en parallèle, comme si elles dépendaient uniquement de la température moyenne qui règne à chacune de ces latitudes.
Pour comparer la limite des neiges dans deux régions
aussi différentes, il faudrait, pour ainsi dire, pouvoir les
réduire au même dénominateur, comme deux fractions
entre lesquelles on veut établir un rapport; en d'autres
termes, il faudrait qu'elles fussent soumises à une loi
analogue dans la distribution des météores et dans la conformation du sol. Il faudrait qu'il en fût de même de la
végétation pour que l'on pût comparer celle de deux régions de notre globe.

TOME III.   8

Si cette condition pouvait se réaliser, on finirait par n'avoir sous les yeux que les différences qui résulteraient pour les plantes de la température due à la latitude, et il serait alors facile d'estimer cette influence avec exactitude. Mais plusieurs autres éléments, d'une action fort complexe, règlent la distribution des végétaux, et la comparaison entre les diverses régions du globe en est rendue d'autant plus difficile.

L'inspection des montagnes du Mexique montre que, pour la végétation, elles diffèrent en deux points principaux de ce que nous voyons dans les Alpes : le domaine des forêts est beaucoup plus grand et celui des prairies plus petit.

1° *Forêts. La limite supérieure des forêts est très-nettement dessinée et s'avance fort haut; néanmoins les causes qui en arrêtent la végétation semblent être plutôt estivales qu'hivernales.*

En gravissant les grands volcans du Mexique, on chemine depuis une altitude de 7 à 8,000 pieds jusqu'à celle d'environ 11,500 dans des forêts de conifères, et sur certains points, on voit les pins végéter plus haut encore sous des formes rabougries [1].

[1] J'avais cru remarquer que cette zone des forêts se partage en trois étages botaniques; le premier occupé par des *Pinus* ou pins, sous lesquels il pousse une herbe longue et abondante ; le second, par des *Abies* ou sapins, sous lesquels le sol est tapissé de mousse; le troisième, par des *Pinus*, sous lesquels on retrouve l'herbe. Je ne sais si les pins des deux zônes extrêmes appartiennent à la même espèce: il est possible que non, attendu que la flore du Mexique est infiniment riche en conifères. (Dernièrement, M. Rœtzl, botaniste-horticulteur établi à Mexico, a décrit plus de 70 espèces de *Pinus* du Mexique, et quoique ce nombre soit incontestablement fort exagéré, il indique néanmoins une extrême richesse en conifères.) — Mais des personnes qui ont parcouru le Mexique m'ont affirmé n'avoir pas observé ces trois zônes régulières, et ils doutent que les sapins soient toujours intercalés comme je l'indique ici. Je laisse la ques-

J'ai été frappé de voir sur presque tous les grands volcans la limite des forêts dessiner une ligne horizontale
régulière, qui cadre bien avec l'uniformité de configuration de la montagne, régulièrement convexe ; ces forêts
finissent précisement à la hauteur où s'arrêtent les neiges
persistantes de l'hiver et les neiges sporadiques des orages
du printemps.

Il semble que cette chute de neige journalière, au
moment où la végétation est en pleine activité, s'oppose
à la vie des conifères, en sorte que les forêts s'arrêtent à
peu près à l'altitude où la précipitation de l'eau cesse de
s'opérer à l'état de pluie. Dans les Alpes, le sapin qui
couronne les arêtes dont la position saillante assure la
rapide fonte des neiges hivernales, ce sapin, dis-je, n'est
pas entravé mécaniquement dans sa végétation, et son espèce se répandra jusqu'à l'altitude où il trouvera la limite de température que son économie peut endurer. Il
me semble que, dans la Cordillère, l'arrêt de la végétation
arborescente tient à d'autres causes. En effet, chose frappante, la zone des forêts échappe presque aux neiges de
l'hiver ; celles-ci ne s'étendent sur la ceinture supérieure des forêts que par intervalles, et elles n'y séjour-
nent guère. Ce ne sont donc pas les froids excessifs de l'hiver qui font périr les conifères, et il faut plutôt chercher
la raison de leur arrêt dans des causes estivales. La trou-
vera-t-on dans les chutes de neige tardives et quotidiennes des mois de mai et de juin ou dans la gelée de la nuit

tion indécise, car il est possible que j'aie seulement traversé des
étendues accidentellement peuplées de sapins an milieu des forêts
de pins. Toutefois, je n'ai jamais vu les sapins atteindre aux dernières limites de la végétation arborescente; j'y ai toujours vu les
pins, en sorte que les sapins me paraissent bien appartenir plus
spécialement à la ceinture intermédiaire, tandis que les pins végètent à toutes les hauteurs, depuis le niveau du plateau jusqu'à une
altitude de près de 12,000 pieds.

pendant l'été? c'est ce que l'observation montrera. Sur tous ces volcans, les forêts m'ont paru être refoulées par une cause spéciale et ne pas s'étendre jusqu'à la limite d'altitude que la température moyenne semblerait devoir leur permettre d'atteindre [1]. Sur certains volcans élevés, mais pas assez cependant pour que la cime conserve des neiges éternelles, on les voit se prolonger plus loin que sur les pics couronnés de neiges (Coffre de Pérote, Malinche) ; sans doute parce qu'ici la neige de chaque jour ne séjourne pas sur les rochers nus de la cime et entrave moins la végétation, attendu que les montagnes rocailleuses sont moins sujettes aux neiges que les prairies. Ici, les bois des conifères semblent arriver plus près de leur limite *naturelle*, car ils commencent à prendre des formes rabougries, comme dans les Alpes : on voit à leur forme que la végétation devient pénible à cette hauteur.

Sur les cones réguliers, par exemple sur le Popocatepetl, les forêts se terminent subitement à une certaine altitude, sans que les arbres de la zone supérieure prennent une apparence chétive et sans se prolonger irrégulièrement et clairsemés, comme dans certaines régions des Alpes, où l'on observe, sur les confins des pâturages, comme une

[1] Le fait que la végétation d'une plante n'est pas seulement une fonction de la latitude, de la température moyenne, et par conséquent de l'altitude, est suffisamment prouvé par les exceptions singulières qu'on observe à cet égard. Au N.-E. de l'Irlande, le myrte croit en pleine terre, comme en Portugal, et cependant les pommes y ont de la peine à mûrir. Sur les côtes du Devonshire, on a vu l'Agave americana fleurir en pleine terre et les orangers en espalier porter des fruits, etc. (Humboldt, Cosmos). Les côtes de la mer de Cortès, quoique tout à fait extra-tropicales, ont une flore tropicale. D'un autre côté, certains fruits qui recherchent la chaleur arrivent moins bien à maturité sous les tropiques que dans les régions tempérées, vu l'égalité de température de l'été et de l'hiver. Nos fruits européens n'acquièrent point au Mexique la même saveur qu'en Europe.

lutte entre la végétation arborescente et les frimats qui la combattent.

Il me semble qu'il y a là une loi presque inverse de celle qui règle la végétation sur nos Alpes. Chez nous, la chaleur de l'été permettrait aux conifères de s'étendre plus haut qu'ils ne le font, et la cause de leur arrêt se trouve plutôt dans la rigueur et la longue durée de l'hiver, que dans la basse température de l'été. Au Mexique, où la différence de température entre l'été et l'hiver est beaucoup moins grande que sous la zone tempérée, cette cause n'existe pas. Qu'on ajoute à cette circonstance la régularité des formes arrondies et convexes des volcans, et l'on comprendra pourquoi la limite supérieure des forêts dessine sur les montagnes de ce pays une ligne très-régulière, bien différente de celle qui s'observe sur nos Alpes, où les extrêmes entre les deux saisons créent des différences plus prononcées entre les arêtes et les vallées, et donnent des lignes isophytes locales plus sinueuses.

Plusieurs espèces de conifères des montagnes du Mexique que j'ai cherché à élever en Europe n'ont pas réussi, à cause des conditions météorologiques totalement différentes qu'elles trouvent sur notre continent. Ces plantes supportent en été dans leur patrie un abaissement de température inconnu dans nos plaines, mais en hiver elles ne traversent pas des froids rigoureux. Dans les lieux qu'elles animent, les différences extrêmes ne sont pas entre l'été et l'hiver, mais entre le jour et la nuit en toute saison, puisqu'il gèle même en été (mai, juin,) pendant la nuit, tandis que la journée est très-chaude, même en hiver. Il semblerait donc que les conifères des hautes régions mexicaines fussent capables de supporter une alternance rapide entre des extrêmes de température éloignés, pourvu que ceux-ci soient très-courts, qu'ils se succèdent rapidement et qu'ils ne dépassent pas quelques degrés au-dessous de zéro ; tandis qu'ils succombent sous des froids même modérés, quand ceux-ci se prolongent comme chez nous pendant une partie de l'hiver [1].

2. Plantes herbacées. *Leur domaine est relativement plus limité que dans les montagnes de l'Europe.*

Comparaison entre les limites des plantes herbacées en Europe et au Mexique. — Dans les Alpes, les forêts de conifères s'élèvent jusqu'à 6,000 pieds d'altitude environ (2000 mètres), mais les herbes ne peuvent guère atteindre leur limite naturelle, arrêtées qu'elles sont par les neiges éternelles. Les montagnes du Mexique offrent au contraire ce fait intéressant qu'on peut y suivre la végétation jusqu'à sa complète extinction sous la seule influence de l'altitude, sur les pics qui ne portent pas une quantité de neige suffisante pour refouler les plantes. Le Nevado de Toluca est à cet égard la montagne la plus intéressante, parce qu'il dépasse les limites de la végétation, sans cependant offrir de neige ailleurs que sur quelques pentes isolées. En effet, le Coffre de Pérote ne s'élève pas au delà de la limite des herbes ; au Popocatepetl, au Citlaltepetl et à l'Iztaccihuatl au contraire, la masse des neiges est assez puissante pour refouler la végétation en s'avançant sur certains points, ou pour l'influencer à distance. C'est donc seulement sur le Nevado de Toluca,

---

[1] Ceci semblerait venir à l'appui de l'opinion de M. Quetelet que les rapides variations de température favorisent la végétation. Mais, comme nos pins du Mexique réussissent dans une orangerie à température fixe, il est probable que les grandes variations de température ne leur sont pas nécessaires, ce qui confirmerait au contraire l'opinion de M. Alph. de Candolle que les températures *utiles* agissent seules sur la végétation, et que les variations thermométriques ne produisent le même effet que parce qu'elles traversent des températures utiles.

peut-être aussi sur les portions libres de l'Iztaccihuatl,
que la question peut être étudiée dans son état normal ;
mais tout particulièrement sur le volcan de Toluca, attendu que celui-ci n'entre dans la région des neiges éternelles que par des rochers et des aiguilles qui ne retiennent pas bien la neige, en sorte que celle-ci s'accumule
plus bas et seulement par petits champs isolés, tandis que
tout le sommet en reste libre. Ainsi, les plantes, loin
d'être étouffées par la neige dans la partie la plus élevée
de la montagne, peuvent s'y développer librement.

Suivant Galeotti, la végétation des herbes atteint au
Mexique l'altitude de 4300 mètres, ou la dépasse même,
et, à l'altitude de 4400 mètres, on voit encore des gené-
vriers. Les lichens ne dépassent guère les herbes que de
150 mètres. Les bords du cratère du Nevado de Toluca
à 4600 mètres n'en offrent plus aucun vestige.

Si l'on place au Mexique la limite des neiges à 4400 ou
4500 mètres, la végétation libre s'arrête donc sensiblement à la même hauteur que les neiges éternelles [1]. Dans
les Alpes, au contraire, la végétation des herbes dépasse

1 En effet, l'observation du Nevado de Toluca montre que la végétation libre du Mexique, c'est-à-dire celle qui se manifeste sur les
rochers situés complétement *en dehors de l'influence des neiges* s'arrête à une hauteur sensiblement égale à celle qui, sur les grands
pics, sert de limite normale aux neiges éternelles. Cette coïnci-
dence est d'autant plus remarquable qu'elle est purement acciden-
telle au Mexique.

La vie animale se prolonge beaucoup plus haut que celle des
plantes. Au sommet du Popocatepetl, à 5300 mètres d'altitude,
sur le bord sud-est du cratère qui était privé de neige, je vis un
coléoptère, de la famille des Blaps, s'engager entre les pierres.
Il paraît que la terre réchauffée par les vapeurs souterraines,
forme ici, au milieu des neiges, une oasis propre à la conservation
de la vie, où des animaux peuvent encore élire domicile. Ce lourd
coléoptère n'a pu être accidentellement transporté par les vents à
cette grande hauteur, comme le papillon que mon grand'père a vu
au sommet du Mont-Blanc, comme ceux que Zumstein a rencontrés

de beaucoup le commencement de la région neigeuse, et
l'on n'en connaît réellement pas la limite proprement dite.
Presque partout elle est refoulée par les neiges, en sorte
qu'elle ne peut pas en général prendre toute l'extension
verticale dont elle serait susceptible : circonstance qui fait
défaut au Mexique, ou qui n'y existe qu'à un bien moindre
degré.

Petite étendue relative de la zone des herbes au Mexique.
— La conséquence naturelle qui semblerait découler de
cet état de choses, c'est que dans ce pays les pâturages
devraient prendre une plus grande extension que dans
les Alpes. J'ai donc été fort surpris d'observer précisement le contraire, et de voir combien le domaine des
plantes herbacées est comparativement peu étendu.
Cette différence est peut-être exagérée par le fait qu'en
Europe l'exploitation des bois a été poussée trop loin, et
que le profit qu'on retire des pâturages a sans cesse conduit à la destruction des forêts élevées qui, une fois dé-
truites, demanderaient des siècles pour se rétablir. Néanmoins, abstraction faite de cette circonstance, la différence qu'offrent à cet égard les deux régions m'a encore
frappé. La simple inspection des lieux montre déjà ce que
confirment les chiffres, à savoir que dans la Cordillère du
Mexique et dans les Alpes il existe à peu près la même
distance verticale entre la limite des forêts et celle des
neiges. Par conséquent, si à la latitude du Mexique, les
neiges sont plus reculées que dans les Alpes, c'est tout
au profit des forêts et nullement des herbes ; les forêts
dépassant celles des Alpes d'une quantité au moins égale
à celle dont la neige recule, comme le prouvent les chiffres
qui suivent.

au sommet de la pyramide Vincent (l'une des cimes du Mont-Rose,
13000 pieds d'altitude). Il faut qu'il ait gravi les flancs de la montagne par les pentes de sable et les arêtes dénudées qui pouvaient
lui offrir momentanément une route privée de neige.

Si l'on admet pour limite des neiges :

sur les pics du Mexique une altitude de	13500 p.
sur les montagnes des Alpes[1] de	8500 p.

la différence entre les neiges des deux régions est de 5,000 p.

Si d'autre part on admet pour limite des forêts :

dans la Cordillère du Mexique une altitude de	11500[2] p.
dans les Alpes de	6500[3] p.

les forêts auraient avancé des Alpes au Mexique de   5,000 p.

Les forêts s'avancent donc en hauteur sur les montagnes du Mexique d'une quantité égale à celle dont recule la neige, comparée à celle de nos Alpes. La quantité d'espace vertical libre, gagné par la moindre étendue des neiges à cette latitude, est donc bien tout entière au profit des forêts et sans aucun bénéfice pour le domaine des herbes[4]. La limite où commence la zone des herbes se trouve ainsi repoussée verticalement d'environ 4 à 5000 pieds. Voyons si sa limite supérieure remonte d'une quantité égale.

[1] Soit sur des montagnes parfaitement isolées, comme le sont celles du Mexique.

[2] Suivant Glennie, de 11760 p. — Ce voyageur fixe la limite de la végétation au Popocatepetl à une altitude inférieure à 12000 p., mais il est évident qu'il se trompe et qu'il a cru trouver cette limite là où commencent les éboulis de sables mouvants, accidentellement dépourvus de végétation.

[3] Altitude un peu grande, mais probablement la normale, car la destruction récente des forêts élevées a abaissé leur limite. Du reste, on a vu exceptionnellement végéter le *Pinus cembra* jusqu'à une hauteur de 8000 pieds.

[4] Ces estimations ne peuvent être qu'approximatives, mais quand même on n'admettrait pas entièrement les chiffres qui servent de base à ce calcul, il n'en resterait pas moins clairement établi que les forêts envahissent à cette latitude un espace égal à celui qui est cédé par les neiges.

A vrai dire, il n'est guère possible de bien résoudre cette question, attendu que la limite supérieure des plantes herbacées n'est pas bien définie. On peut toutefois estimer que :

au Mexique elle se trouve à une hauteur
d'environ   13300 p.
tandis que dans les Alpes elle dépasse   9300[1] »
                        différence   4,000 »

L'étendue verticale gagnée par les herbes est donc inférieure à l'étendue que celles-ci cèdent aux forêts (4,500 ou 5,000 pieds.) Il en résulte que ces dernières gagnent beaucoup en étendue au Mexique, tandis que la zone des herbes (quoique s'élevant plus haut que dans les Alpes) n'ajoute rien à l'étendue de son domaine, mais perd au contraire quelque chose.

J'arrive à la même conclusion par la comparaison suivante. Si l'espace qui sépare les forêts des neiges éternelles est à peu près le même dans les Alpes et au Mexique, (peut-être moindre au Mexique,) il faudrait pour que le domaine des herbes fût égal dans ce pays à ce qu'il est dans les Alpes, qu'il dépassât notablement la limite des neiges éternelles, (puisqu'il la dépasse dans les Alpes.) Or, nous avons vu que les herbes s'arrêtent déjà avant, ou à la limite des neiges de la Cordillère.

En recherchant la cause de cet arrêt des plantes herbacées, j'ai cru la trouver, comme pour les forêts, dans les météores de l'été plutôt que dans ceux de l'hiver

1 En effet, Zumstein a trouvé des plantes vivantes et fleuries à 11000 pieds d'altitude environ, au *Nase*, cime dominant une crête qui descend du Lyskamm et partage en deux bras le glacier de Lys.

MM. Schlagintweit, dans leur ascension au Mont-Rose, ont trouvé des plantes phanérogames qui fleurissaient à 11462 pieds d'altitude, sur l'île de roc du glacier de Gornerhorn, appelée *Auf der Platte.*

Petite étendue des pâturages. — Il découle de ces considérations que les pâturages proprement dits doivent être assez restreints sur les pics de la Cordillère. En effet, ils le seraient déjà en surface par le seul fait de la simplicité de la forme des volcans, qui ne développe pas ces vallées hautes et ces espèces de plateaux ou de terrasses, si fréquents dans les Alpes, et où se forment les plus beaux pâturages. Mais ils le sont en outre en étendue verticale, plus qu'on ne pouvait le supposer : ils se perdent vite dans les rochers ou les éboulis où ne croissent plus que des herbes chétives et isolées. Cet état de choses me semble s'expliquer par le fait que, les bois s'élevant fort haut, la plus grande étendue des herbes se trouve refoulée dans les régions pierreuses ou rocailleuses, et déjà assez élevées pour que leur végétation ne soit plus assez vigoureuse pour tapisser le sol et former ce qu'on nomme des pâturages [1].

Au-dessus des bois du Popocatepetl il n'y a pas de pâturages du côté nord. Mais ceci tient seulement aux longues pentes de sables mouvants qui font suite aux forêts ; car on voit croître des herbes dans ces sables, et d'ailleurs sur l'Iztaccihuatl, sur le pic d'Orizaba, etc., on en ren-

---

[1] Soit à cause de la rareté de l'air, soit pour d'autres causes qui arrêtent la végétation à la limite des neiges, et qui n'existent pas dans les Alpes au même degré. Les pâturages du Mexique étant situés à une hauteur absolue plus grande que ceux des Alpes, ils ne sont pas placés exactement dans les mêmes conditions physiques. Les vers de terre jouent un rôle très-important dans la formation des pâturages en rejetant à la surface du sol les petites quantités de terre qu'ils enlèvent à une certaine profondeur. Les pierres se recouvrent peu à peu par ce travail continuel, s'enfouissent et s'affaissent graduellement dans le sol jusqu'à plusieurs pouces de profondeur, cédant leur place à une nappe de gazon. (Voyez Bowditch *Journ. de la Soc. Roy. d'agricult. d'Anglet.* 1858). Il est possible que dans les hautes altitudes du Mexique les vers fassent défaut ou que leur travail soit moins considérable que sur les hautes Alpes.

contre, quoique d'une petite étendue, surtout dans la haute vallée abritée qui sépare les deux cônes de cette montagne.

Lichens. — Enfin, la comparaison de la vie des lichens donnerait lieu à une singulière observation.

Au Mexique ces plantes ne s'élèvent suivant Galeotti que jusqu'à 14000 pieds; or, en Suisse les lichens n'ont pas de limite, puisqu'on en trouve jusqu'au sommet du Mont-Blanc à 14,800 pieds d'altitude [1]. Quoique Galeotti n'ait rencontré aucune de ces plantes au sommet du Pic de Toluca, je serais étonné qu'elles s'arrêtassent à un niveau si bas, car il n'est guère admissible que les lichens atteignent dans les Alpes la même altitude que dans la Cordillère du Mexique [2].

Conclusions. — En résumant ce qui précède, on voit que :

1° Les forêts s'élèvent au Mexique d'une notable quantité plus haut que dans les Alpes, (environ 5,000 pieds) en sorte que dans les deux continents il règne une distance assez égale entre la limite des neiges et celle des forêts, soit 2,500 pieds, mais plutôt moindre au Mexique, vu l'empiétement des forêts.

2° Les herbes du Mexique ne s'avancent pas en altitude d'une aussi grande quantité sur celles des Alpes; elles ne les dépassent probablement que de 3,500 ou 4,000 pieds, et elles s'arrêtent à la limite des neiges.

---

[1] *L'Umbilicaria virginis* a été rencontré 10 mètres au-dessous du sommet de la Jungfrau, et l'on a vu les *Lecanora polytropa* et *Lecidera confluenta* au sommet du Mont-Blanc. On a aussi trouvé des mousses à de grandes hauteurs, ainsi l'*Andrea ruspestris*, ramassée sur le Mont-Rose à 11,770 pieds d'altitude sur la pyramide Vincent.

[2] Je crois me souvenir d'avoir vu des lichens au bord du cratère du Popocatepetl. M. Craveri croit aussi en avoir remarqué contre les parois du cratère. Absorbé par d'autres préoccupations, je n'ai pas accordé à ce fait une attention suffisante. En tout cas, je n'ai pas été frappé au sommet de ce volcan comme au sommet du Coffre de Pérote, par cette abondance de lichens qui forment des plaques de couleur vive sur les rochers de cette montagne.

3° Les lichens ne paraissent pas atteindre plus haut au Mexique que dans les Alpes,

Si ce dernier fait venait à se vérifier, il prouverait que, tandis que les extrêmes de basse température qui, à notre latitude, règnent sur les plus hautes montagnes, ne suffisent pas à détruire la végétation[1], une température peu variable, mais toujours médiocrement basse, comme sur les pics de la Cordillère, s'oppose à la vie des plantes.

Conditions différentes qui règlent la végétation au Mexique et dans les Alpes. — La manière frappante dont les plantes des Alpes se conservent à travers les neiges et les frimas d'une saison me confirment dans l'opinion que les causes qui, au Mexique, amènent l'arrêt de la végétation herbacée et cryptogamique, à une altitude si peu considérable pour la latitude, sont des causes estivales : car les cryptogames et les herbes supporteraient parfaitement l'hiver sur les montagnes du Mexique, où il est bien moins froid que dans les Alpes.

L'égalité qui règne entre les saisons sous le tropique fait que, même dans les hautes altitudes, c'est presque une température moyenne uniforme qui règle la vie des végétaux et non point, comme chez nous, la forte chaleur qu'amène l'été. La chaleur de l'été s'éloigne beaucoup moins de la température moyenne qu'à notre latitude ; elle reste relativement plus basse, et c'est elle qui doit limiter l'extension des plantes, au lieu que chez nous ce sont les froids de l'hiver. Sans ces causes estivales, les herbes devraient se continuer à travers les neiges du Popocatepetl[2].

1 Le même fait explique la longue prolongation de la vie des herbes au-dessus du niveau des neiges perpétuelles ; les plantes résistant à l'hiver et l'été leur permettant de végéter.

2 J'ignore si la rareté de l'air peut être une cause de l'arrêt de la végétation. On pourrait le supposer en voyant les lichens s'arrêter au Mexique et dans les Alpes à la même altitude, mais je doute fort que cette circonstance en soit la cause réelle.

On peut généraliser de la manière suivante ces principes théoriques en comparant les deux contraires qu'offre
la végétation sur les montagnes des tropiques et sur celles
de la zône tempérée et arctique :

— *Tropique.* Sous l'équateur, la différence entre l'hiver
et l'été étant nulle, les neiges ont une limite théoriquement parlant invariable en toute saison, qui se trouve placée là où l'atmosphère atteint une température moyenne
voisine de 0°. Il est évident que, vu cette température de
l'été, les plantes n'y pourront plus végéter et que, si cet
état se rencontrait dans toute sa régularité, la limite de
la végétation devrait presque coïncider avec celle des
neiges.

— *Zône tempérée et arctique.* Ici, les grands extrêmes de
température font que le domaine des neiges perpétuelles
et celui des plantes herbacées se croisent et se pénètrent;
les frimas de l'hiver conduisant les neiges fort bas et la
chaleur de l'été élevant les plantes encore fort haut.

Plus on s'avance vers l'équateur, plus la limite de la
végétation doit par conséquent s'abaisser, par rapport à
celle des neiges éternelles (c'est-à-dire tendre à s'en rapprocher) jusqu'au moment où ces deux limites se confondent. A la latitude des volcans du Mexique, elles ne devraient pas se confondre encore; mais nous avons montré
(p. 82) que la limite des neiges est exceptionnellement
haute sur les montagnes de ce pays, et c'est peut-être la
raison pour laquelle les deux limites coïncident de fait,
quoiqu'à cette latitude les plantes dussent encore franchir
la limite des neiges, si des causes spéciales n'amenaient
une modification dans l'ordre théoriquement normal.

Il découle aussi de ce qui précède que plus on s'avance
vers l'équateur, plus aussi c'est la température de l'été
qui contribue à régler les limites de la végétation. En
effet, cette température se rapproche de plus en plus de

la température moyenne des lieux et finit par coïncider avec elle à l'équateur, et ici c'est précisément cette température qui forme l'arrêt de la végétation à l'altitude où elle approche de 0°.

Impossibilité des lignes isophytes entre les montagnes du Mexique et les Alpes. — De tout ce qui précède, on peut aussi conclure que, si chez nous les hautes régions du globe tendent à reproduire le caractère des régions arctiques, il n'en est pas de même sous les tropiques, où les météores ont une distribution très différente et conservent un caractère tropical même sur les hautes montagnes[1].

Il est donc à peu près impossible de tirer une ligne isophyte entre les altitudes de deux contrées aussi distantes, puisque sous ces latitudes éloignées, les plantes sont influencées d'une manière spéciale par les lignes isothères et isochimènes, qui sont dans des rapports tout différents. Cette ligne ne serait qu'une ligne de fait, composée de segments qui ne s'adapteraient pas les uns aux autres, et je crois qu'il faut se borner à dire que *les limites de la végétation au Mexique ne peuvent se comparer aux limites qui s'observent dans les régions tempérées, parce que les causes qui les déterminent sont sensiblement différentes.* En effet, la comparaison des limites de telle ou telle végétation dans deux hémisphères et sous des latitudes éloignées n'a aucun sens sous une forme absolue.

Pour établir d'une manière virtuelle cette ligne isophyte, il faudrait, comme je l'ai dit plus haut, pouvoir identifier sous les deux latitudes la distribution des météores, ce qui, au Mexique, équivaudrait à décharger l'été d'une forte partie de ses pluies pour en charger l'hiver sous forme de neige. Dans ces conditions, certaines espè-

---

[1] Les hautes régions représentent d'autant mieux la zone circumpolaire qu'elles sont situées plus au nord, et s'en éloignent d'autant plus qu'elles se rapprochent de l'équateur.

ces de conifères pourraient sans doute encore résister à l'hiver, et, avec un été plus chaud, elles pourraient dépasser la limite d'altitude actuelle. Mais, d'un autre côté, nous avons vu que, dans un cas pareil, les neiges éternelles s'étendraient plus bas, en sorte que probablement la végétation arborescente atteindrait très près de leur limite, au détriment presque absolu des prairies[1]. Ce phénomène serait encore plus marqué si les volcans neigeux du Mexique, au lieu d'être tous des sommités *isolées*, formaient une chaîne de montagnes groupées, où les neiges descendent toujours plus bas que sur les pics isolés.

Mais comme il est dans les harmonies de la nature que chaque plante conforme son économie aux stations où elle végète, on peut bien, sous un certain point de vue, considérer comme normales toutes les causes qui servent de barrière à ses facultés. On peut donc, si l'on veut, dire que sa limite normale de végétation se trouve à l'endroit où on la voit succomber, *quelle qu'en soit la cause*, que ce soit le froid des nuits d'été (?), comme au Mexique (et sans doute d'autres causes aussi), ou la température moyenne (ou spéciale à une saison), comme sur les Alpes ; pourvu qu'on ne néglige pas de rappeler les causes spéciales et contraires, qui dans chaque zone terrestre forment l'arrêt qui la dessine.

On définira peut-être le mieux d'une manière générale la différence entre le cachet le plus apparent des Alpes et des Cordillères, en disant que la température plus uniforme entre l'été et l'hiver qui règne au Mexique favorise plus que dans les Alpes l'extension des forêts au détriment des prairies,

1 Je crois en effet que dans ce cas les neiges éternelles arriveraient bien près de la véritable limite des forêts ou leur serviraient même de barrière ; car, à ces limites, il ferait encore chaud en été, et, pendant l'hiver, il règnerait un froid supportable à certaines espèces de conifères. Mais les hautes régions seraient nécessairement peuplées d'espèces autres que celles qui y végètent maintenant.

NOTE III.

Quantité de pluie tombée dans diverses régions du Mexique.

1° Observations faites à Cordova (versant de la Cordillière, terres tempérées-chaudes), par Don Apolinario Nieto.

Mois	1857	1858	1859	1860
Janvier	0,056	0,132	0,107	0,135
Février..	0.025	0,087	0,033	0,031
Mars	0,067	0,092	0,024	0,043
Avril............	0,163	0,073	0,155	0,126
Mai	0.140	0,252	0,070	0,183
Juin	0,252	0,593	0,647	0,234
Juillet...·.......	0,560	0,513	0,426	0,387
Août	0,483	0,367	0,263	0,599
Septembre	0,578	0,414	0,591	0,469
Octobre.........	0,521	0,218	0,205	0,393
Novembre	0,151	0,153	0,026	0,068
Décembre.........	0,120	0,037	0,095	0,112
Total de l'année..	3,116	2,391	2,642	2,780

Moyenne pour ces 4 années $= 2^{m},732$

2° Observations faites à Tépic (près la côte de l'Océan pacifique), par Don Manuel Escudero.

	1852	1853	1854	1855	1856	1857	1858
Pouces anglais	57,0	52,5	65,0	48,5	30,5	24,0	31,0
Réduction en mètres	1,447	1 333	1,651	1,232	0,774	0,610	0,787

Moyenne $= 1^{m},090$ par an.

3⁰ **Observations faites à Tezcuco (vallée de Mexico), par M. Bow-ring, directeur des Salines de cette localité.**

La quantité d'eau tombée est exprimée en pouces anglais.

Tezcuco.	1855	1856	1857	1858	1859
Janvier	—	0, 11	— —	0, 25	0, 05
Février	—	0, 19	0, 64	— —	0, 03
Mais	—	— —	— —	— —	0, 18
Avril	—	0, 64	0, 30	0, 40	1, 38
Mai........	0, 68	2, 32	1, 28	1, 46	0, 04
Juin	4, 98	3, 86	1, 69	1, 17	3, 10
Juillet	4, 31	2, 19	4, 60	2, 71	3, 86
Août.	6. 20	2 —	3, 26	5, 01	3, 98
Septembre	3, 18	5, 19	1, 84	1, 45	3, 04
Octobre..	1, 94	3, 44	4, 81	0, 43	1, 74
Novembre	—	1, 06	0, 03	1, 79	— —
Décembre......	—	1, 01	— —	0, 11	— —
Total de l'année.	21, 29	22, 01	18, 45	14, 78	17, 40
Réduct. en mètres	0,541	0,559	0,470	0,375	0.442

Moyenne pour ces 5 années = 0,475

Dans le numéro de mars 1850 du *Bulletin de la Société de Géographie* de Mexico, on trouve un tableau de la quantité de pluie tombée à Mexico de 1841 à 1845. J'en tire les moyennes comparatives suivantes :

Le nombre des jours où il a plu n'a pas été moindre de 83 par an, ni supérieur à 97. La moyenne est de 90.

Moyenne des cinq années.

La quantité d'eau tombée est exprimée en mesures mexicaines[1].

MOIS.	Nombre de jours où il a plu.	Quantité d'eau tombée.		Quantité de pluie tombée par an.	
		Pouces.	Lignes.	Pouces.	Lignes.
Janvier........	0,6	0	0,36	1841	
Février........	1.8	0	4,16	19	10,8
Mars..........	4,0	0	7,26	1842	
Avril..	5,6	1	2,52	23	3,1
Mai...	7,6	2	4,42	1843	
Juin	11,6	4	6,52	28	4,4
Juillet..	13,6	4	0,04	1844	
Août.........	15,8	4	2,28	23	7,2
Septembre. ...	14,4	4	2,58	1845	
Octobre	7,4	1	7,34	29	1,1
Novembre	5,2	1	3,82	Moyenne par an	
Décembre ...	2,4	0	4,82	24	10,1

La moyenne par an est en mesure métrique = 576 millimètres, quantité plus forte de près d'un quart que celle qui a été trouvée pour Tezcuco, mais qui, probablement mesurée avec un instrument moins parfait[2], m'inspire moins de confiance que la moyenne déduite des chiffres de M. Bowring.

Il faut remarquer cependant que de 1841-45 les premiers mois de l'année ont été plus pluvieux que de 1855-59, ce qui ne peut manquer d'influencer la moyenne.

La moyenne des deux séries d'observations serait de 525 millim., (soit 500 en défalquant 25 millim. pour erreur probable en plus dans les observations de la série de 1841-45).

---

[1] Le pied mexicain = 12 pouces ; le pouce = 12 lignes.

[2] J'ignore le nom de l'auteur de ces observations et les conditions dans lesquelles elles ont été faites.

4° Observations faites à Guanajuato (montagnes du Plateau), par M. G. Hockin.

	1855	1856	1857	1858
Pouces anglais · · · · · ·	37,61	31,96	21,72	23,70
Réduction en mètres · · ·	0.955	0,812	0,552	0,602
Moyenne pour ces 4 années = 0,730				

5° Observations faites à Réal del Monte (montagnes du Plateau, altit. = 2800ᵐ), par M. Ed. Hay.

	1856	1857	1858	1859
Pouces anglais · · · · · · ·	22,62	37,13	30,32	41,76
Réduction en mètres · · · ·	0,574	0,945	0,770	1,061
Moyenne pour ces 4 années = 0,837				

En comparant les moyennes que l'on déduit de ces tableaux, on arrive aux conclusions suivantes :

1° *Rapport entre la quantité d'eau tombée sur le plateau de Mexico et sur le versant Est de la Cordillère (Cordova).*

Somme totale de la pluie tombée sur le plateau de Mexico pendant les années 1857-59........... 1^m,287.

Somme totale de la pluie tombée à Cordova pendant les mêmes années................. 10^m,929.

Il est donc tombé sur le versant Est de la Cordillère 8$^1/_2$ fois plus d'eau que sur le plateau. Mais comme ces années ont été peu pluvieuses sur le plateau, il est préférable de comparer les moyennes déduites du plus grand nombre d'années possible. On trouve alors que le rapport entre l'eau tombée sur le plateau et celle tombée sur la Cordillère n'est plus que comme 1 : 5,50.

Dans chacun des mois de juin, de juillet et d'août, il tombe à peu près autant d'eau sur le versant de la Cordillère que pendant toute l'année sur le plateau dé Mexico.

2° *Rapport entre les pluies de la Cordillère orientale et celles de la côte occidentale :*

Moyenne à Cordova $= 2^m,732$.
     »   à Tépic $= 1^m,090$.
Rapport.......... $= 2,5 : 1$.

A Cordova il a plu 2$^1/_2$ fois plus qu'à Tépic.

3° *Rapport entre les pluies du plateau de Mexico, et du massif de montagnes de Réal del Monte (massif assis sur le plateau).*

Moyenne à Tezcuco $= 0^m,475$.
     »   au Réal $= 0^m,837$.
Rapport $= 1 : 1,75 = 4 : 7$.

Au Réal il est donc tombé 1$^3/_4$ fois plus d'eau que dans la vallée de Mexico.

Dans les montagnes de Guanajuato, également assises sur le plateau, il a plu 1$^1/_2$ fois plus que dans la vallée de Mexico.

Suivant Humboldt il tombe à Vera-Cruz environ $1^m,87$ d'eau par an. En 1803 il est tombé dans le seul mois de juillet à Vera-Cruz $0^m,380$, c'est autant que dans les années peu pluvieuses pendant tout le cours de l'année à Mexico, mais beaucoup moins qu'il n'en tombe pendant le même mois à Cordova.

Sur le plateau de Mexico il tombe moitié moins d'eau qu'à Genève. Sùr le versant Est de la Cordillère il en tombe presque trois fois plus qu'en cette ville.

Enfin il tombe sur le plateau de Mexico ùne quantité de moitié moindre que celle qui se précipite à Rio de Janeiro[1]; mais la condensation qui s'opère sur le versant oriental de la Cordillère mexicaine est plus du double de celle qui s'observe à Rio de Janeiro.

Le nombre de jours pluvieux est à peu près le même (ou un peu moindre) sur le plateau de Mexico qu'à Rio de Janeiro.

---

[1] Suivant les observations du Dr Manoel, de Cunha Galvos, il est tombé dans cette ville, de 1851-54, une quantité moyenne de pluie égale à $1^m,163$ répartie sur 93-94 jours. (Petermann's Mittheil, 1858).

NOTE IV.

Résumé de quelques observations météorologiques faites au bord des deux Océans, à Mexico et sur le versant de la Cordillère.

Ces observations sont toutes fort incomplètes, et j'ai longtemps hésité à les publier. Je m'y suis cependant décidé, pensant qu'elles peuvent offrir quelque intérêt, vu le peu de données météorologiques que l'on possède encore sur le Mexique.

1. Moyennes des observations faites par M. Fréd. Craveri à Mazatlan[1].

Ces observations ont été faites au moyen de deux thermomètres, l'un à *maxima*, l'autre à *minima*. Elles indiquaient seulement le maximum de température de la journée et le minimum de la nuit. Pour ne pas entasser ici des chiffres inutiles, j'ai pris les moyennes du maximum de la journée et du minimum de la nuit pour chaque mois.

[1] Voir page 106.

ÉPOQUE.	Therm. maxima pendant la journée.	Therm. minima pendant la nuit.	ÉTAT DU CIEL PENDANT LE JOUR.[1]	ÉTAT DU CIEL PENDANT LA NUIT.
1855 16-30 Novembre.	26.92	20,16	Ciel nuageux 3 jours	Ciel nuageux 4 jours.
Décembre	17,77	15,21	» » 5 jours	Ciel nuageux 7 jours. 1 pluie.
1856. Janvier	16,20	15,21	» » 5 jours, 3 pluies ·	Ciel nuag. 10 j., 2 pluies. 2 j. d'ourag. C. serein.
13 -21 Février ..	20,51	15,51 [2]	» » 1 jour, 1 pluie...	Vent du NO. 4 jours.
11-31 Juillet....	29,45	26,93	» » 7 jours, 2 orages·	Ciel nuageux 14 jours, 3 orages et 5 pluies.
Août .... ·	29,82	-27,58	Ciel toujours serein..........	4 orages et 11 pluies.
1-12 Septembre.	29 40	27.30	» » »	6 orages et 1 pluie.
27 29 Octobre ..	27,27	23,70	» » » ... ... ·	Ciel serein.
23-30 Novembre	22,89	19.93	Un jour nuageux...	» »
1-9 Décembre...	20,65	16,95	2 jours nuageux et 1 pluie.....	2 jours nuageux et 1 pluie.
1857. 24-30 Septembre	30,19	27,89	Le 30 un Cordonazo	Le 30 un Cordonazo.
Octobre	27,81	25,38	1 orage, 1 pluie..............	1 orage, 3 pluies.
Novembre......	24.68	21,92	Ciel serein, vent du NO. 8 jours	Ciel serein. 4 jours de vent.
1-9 Décembre ..	21,48	19,73	2 pluies...	Ciel nuageux 3 jonrs, 1 orage, 1 pluié.
1858. 14-30 Avril.....	24.11	22,66	2 jours ciel un peu nuageux ...	Ciel sercin.
1-23 Mai.......	26,53	23,39	Ciel toujeurs serein·	» »

[1] Le ciel est resté serein pendant le nombre de jours dont il n'est pas fait mention. Les jours où il a plu sont comptés comme nuageux.

[2] Le vent du NO. a abaissée la température pendant plusieurs nuits.

Malheureusement ces chiffres ne permettent pas de déduire avec certitude la température moyenne véritable des lieux, attendu que le coëfficient de réduction n'est pas encore établi pour le Mexique et que celui dont on se sert en Europe donne probablement, appliqué à l'Amérique, des résultats inexacts. Néanmoins j'ai tenté de le faire en me servant des coïfficients de Kæmptz. On trouve pour la température moyenne des divers mois les chiffres suivants :

Janvier...	+ 15°,71	Juillet............	+ 26°,51
Février..........	+ 15,75	Août	+ 28,59
Mars...........	+	Septembre	+ 28,61
Avril	+ 23,27	Octobre..........	+ 25,67
Mai	+ 24.81	Novembre	+ 22,73
Juin	+	Décembre....... .	+ 18,62

Les observations qui ont servi à établir ces moyennes sont trop peu nombreuses pour conduire à des conclusions certaines, mais elles peuvent donner des approximations qui suffisent pour montrer que la Sinaloa a encore un climat éminemment tropical.

En négligeant le mois de mars, dont la température se rapproche probablement de la température moyenne de l'année, et en biffant le mois de décembre par compensation du mois de juin, sur lequel les observations manquent, on trouve pour la moyenne une température de 23°,52. Mais ce chiffre n'est qu'approximatif. La température moyenne d'Acapulco par 16°,50 de latit. serait suivant Humboldt de 26°,20, donc supérieure à celle de Vera Cruz, qui est de 25°,4. Celle de Mazatlan, quoiqu'en dehors du tropique, oscille probablement entre 22° et 24°. La différence entre la moyenne des mois de janvier et d'août serait ici de 10 à 12°, tandis qu'à la Vera-Cruz elle ne dépasse guère 6 à 7°. Mais je ne donne ces chiffres que pour des approximations.

2. Moyennes déduites des observations faites par M. F. Craveri dans le petit village de Ventana, à 50 lieues au nord-nord-est de Mazatlan, au pied de la Cordillère, mais en terre chaude. (Ici la Cordillère s'élève brusquement à quelques mille pieds ; à 3 lieues de ce village on trouve déjà la terre froide où il neige en hiver).

ÉPOQUE.	JOUR.		NUIT.	
	Therm. à maxim.	État du ciel.	Therm. à minima.	État du ciel
1858, Janvier..	20,52	5 j. nuag., 2 pluies	13,71	2 pluies.
Février.·	21,36	8 » 2 »	18,88	1 pluie.
1-19 Mars	26,11	1 j. nuageux.	22,40	Ciel serein

3. Observations faites à Vera-Cruz, par M. F. Craveri.

À Vera-Cruz, du 10 au 14 mars 1855,
la moyenne des maxima de températ. était de 28⁰,16,
   »   » minima   »   »   20⁰,00.

Le maximum de chaleur est atteint à 9 ou 10 heures du matin, parce qu'ensuite la brise de mer abaisse un peu la température. Un thermomètre exposé au soleil sur un balcon qui dominait le port, arrivait à son maximum par un temps calme :

    le 10 à 9 heures m. en marquant 32⁰,
    le 13 à 10 heures m.   »   35⁰,
    le 14 à 9 heures m.   »   35⁰,88.

Du 1 au 14 mars, 18 observations barométriques faites sur le même balcon situé à côté du môle, à 5 mètres au-dessus du niveau moyen de la mer, donnèrent les résultats suivants :

Colonne barométrique moyenne $= 759^{mm},16$. Si l'on fait abstraction des observations pendant lesquelles il soufflait un petit vent du nord, celle-ci devient $= 760^{mm},74$.

Moyenne des 18 observations sur le thermomètre libre.............................$24^0,64$.

Moyennes des 18 observations sur le thermomètre du baromètre........$24^0,79$.

5. Observations météorologiques faites à Cordova par Don Apolinario Nieto [1].

Moyennes de 4 années [2].

Mois.	Thermom.	Baromètre	Mois.	Thermom.	Baromètre
Janvier	17,74	691,37	Juillet	22,42	689,46
Février	19,49	689,59	Août	23.06	688,77
Mars	20,99	688,33	Septembre ...	22,46	688,90
Avril	22,55	687,80	Octobre	21,79	689,03
Mai	23,70	687,74	Novembre ..	19.98	690,10
Juin..... ...	23,52	587,88	Décembre....	18,75	690,13

Le minimum est atteint en janvier, le maximum en juin ; différence entre ces deux mois; $5^0,78$.

[1] Ces observations ont été faites de 3 en 3 heures, à raison de 5 observations par jour, mais seulement pendant la journée, et poursuivies du 1er janvier 1857 au 31 décembre 1860.

[2] Chacun de ces nombres sert donc de moyenne à plus de 600 observations.

Moyenne générale de chaque année [1],

	1857	1858	1859	1860	Moyenne générale.
Thermomètre	21,52	20,99	21,50	21.33	21,33
Baromètre	689,04	688,94	689,18	689.37	689,13

La température moyenne diurne de Cordova est donc de 21⁰,33 C., mais il est probable qu'on trouverait pour température moyenne vraie de l'année environ 20⁰, si l'on pouvait y faire rentrer la température de la nuit.

Les observations ci-dessus permettent de calculer avec précision l'altitude de Cordova.

La température moyenne de Vera-Cruz étant de 25⁰,4.

La pression barométrique

à Vera-Cruz (comme ci-dessus) de $760^{mm},74$ [2].

à Cordova de . . . . $689^{mm},13$.

La correction pour la température, en supposant le thermomètre du baromètre à 22⁰, la porterait à 686,68 d'où :

$H = 877^{m},04$ par la formule de Babinet,

$= 879^{m},36$ » » Laplace.

Moyenne $= 878^{m},20$, auxquels il faut ajouter 5 mètres pour la hauteur du lieu d'observation à Vera-Cruz, et environ 7 mètres de correction pour l'humidité, d'où :

Altitude de Cordova (grande place) $= 894^{m}$.

---

[1] Chacun de ces nombres sert donc de moyenne à plus de 1800 observations.

[2] Chiffre reposant malheureusement sur un trop petit nombre d'observations.

5. Observations faites à Mexico en 1855, par M. Craveri.

a. *Moyennes déduites d'observations faites au moyen de deux thermomètres C., exposés au nord, l'un à maxima, l'autre à minima.*

	Janvier.	Février,	Mars.	Avril.
Maxima............	19,47	24,25	26,25	29,33
Minima	2,75	5,51	5.25	8,09

En janvier, le thermomètre s'est abaissé 4 fois entre $0°$ et $+ 1°$; une seule fois il est tombé jusqu'à $0°$.

b. *Résumé d'observations barométriques exécutées du 6 au 11 juin.*

On a observé le baromètre d'heure en heure de 6 h. m. à 5 h. s. La station du balcon était tournée au sud-sud-est.

La comparaison des chiffres obtenus (correction faite de la dilatation des métaux) montre que la variation diurne atteint son maximum à 8 ou 9 heure du matin (3 fois à 8 heures, 3 fois à 9 heures), et son minimum à 4 heures du soir (1 fois à 3 heures, 3 fois à 4 heures et 1 fois à 5 heures.)

La moyenne des *maxima* est de .... 586,14.

  »   *minima* » 585,18

  » entre les maxima et les minima

    est de................. 586,01.

  » générale des 63 observat. est de 586,137.

Les heures où la colonne barométrique s'est rapprochée le plus de la moyenne furent : 2 fois 6 heures du matin, 2 fois 12 heures du matin et 2 fois 2 heures du soir.

Les limites extrêmes observées pendant les six jours ont été de 587,65 et de 584,11.

Humboldt semble avoir admis que la pression atmosphérique est à Mexico de 585 mm. et que l'ébullition de l'eau a lieu à $+ 93^0$ C.

En négligeant la correction de la température on aurait trouvé :

     Moyenne des maxima.... .... 589,01.
         »   » minima............. 587,46.
     Moyenne de ces deux nombres ... 588,23.

Thermomètres.

	Moyenne entre 8-9 h. m.	Moyenne entre 3-5 h. s.	Moyenne de ces deux nombres.
Thermomètre du baromètre.	18,41	23,60	21,95
Thermomètre libre..	23,08	23,60	23,34

L'altitude de Mexico calculée d'après ces chiffres donnera 2289^m, dont il faut retrancher 7^m pour l'élévation du lieu d'observation : soit = 2282.

Mais suivant les observations faites au moyen d'un autre baromètre, probablement meilleur (qui a aussi servi à M. Craveri dans son ascension au Popocatepetl), observations comparées à celles faites au moyen de cinq autres baromètres de M. Del Pozzo, M. Craveri a cru pouvoir considérer la pression barométrique moyenne à Mexico comme étant :

     B = 588,76 (T = 18,11   t = 18,29)
et à Vera-Cruz :

     B = 762,30 (T = 25,50   t = 25,00)

D'où : Altitude de Mexico $= 2235^m,7$, soit $41^m,3$ de moins que n'a calculé Humboldt.

Ce chiffre est probablement le plus rapproché de la vérité.[1]

5. Des tremblements de terre à Mexico.

Le Mexique, quoique hérissé de volcans, ne semble pas exposé aux grandes secousses du sol comme l'Amérique centrale, ou la partie de l'Amérique du sud, dans laquelle s'étend la chaîne des Andes. L'histoire a cependant conservé le souvenir de quelques tremblements de terre plus ou moins notables. A Oajaca ceux du 31 décembre 1605, du 15 mars 1604, du 8 janvier 1608, causèrent quelques dommages aux monuments. En 1819 le sol du Mechoacan se serait crevassé en divers endroits. Le 31 juillet 1834, une secousse verticale lézarda plusieurs murailles à Mexico et inclina quelques parois. Mais à part ces événements de médiocre importance, le Mexique n'a guère eu à souffrir de ce fléau.

Il est vrai que la seule inspection du sol mexicain fait augurer mal de la sécurité dont on y jouit depuis si longtemps ; car elle révèle les traces d'une infinité de bouleversements qui n'ont pu se produire sans d'innombrables et de terribles secousses. Néanmoins, lorsque au milieu du siècle dernier la province de Mechoacan accoucha subitement d'une formidable montagne[2], la vallée de Jorullo et ses environs immédiats furent seuls ébranlés par

---

[1] En prenant pour Vera-Cruz :

$$B = 763,15 \quad T = 25,3 \quad t = 25,3,$$

comme l'a fait Humboldt, on aurait :

$H = 2247$ que l'on peut adopter comme terme moyen. Donc :

$$\text{Altitude de Mexico} = 2250^m.$$

[2] Le volcan de Jorullo, sorti de terre en 1759.

les commotions qui accompagnèrent l'apparition de ce
volcan, et la capita'e n'eut point à en souffrir.

La ville de Mexico, établie sur un sol mouvant et marécageux, n'existerait plus depuis longtemps si des secousses étaient venues s'ajouter à l'instabilité de ses fondements : car la plupart des grands édifices penchent dans
un sens ou dans l'autre, par suite du tassement inégal de
leurs assises et du peu de consistance du sol humide sur
lequel ils reposent.

Mais si les grands ébranlements du sol sont restés inconnus au Mexique depuis l'établissement des Européens, la
ville de Mexico est fréquemment agitée par de petites
ondulations, la plupart du temps imperceptibles à nos sens[1].

M. Craveri eut l'idée de se livrer à l'observation régulière de ce phénomène, et l'intérêt que m'inspirait ce sujet
me porta à suivre ses observations autant que mes courses me le permettaient. M. Craveri se servit pour ses expériences d'un instrument très-simple : Un pendule
formé d'un boulet de canon suspendu au plafond au
moyen d'une ficelle, formait la pièce principale de l'appareil. A la face inférieure du boulet était fixée une aiguille
qui plongeait verticalement dans un plat de sable fin et
humide. Les secousses, quelque petites qu'elles fussent,
se traduisaient sur la surface unie du sable par un trait
droit ou arqué. On obtenait ainsi la direction et l'ampleur
de l'oscillation avec un degré suffisant d'exactitude.

Je dois ajouter que ces petites ondulations ne sauraient
être dues au passage des voitures dans la rue, celles-ci
n'ayant jamais produit autre chose qu'un léger écartement du sable autour de l'aiguille, et d'ailleurs plusieurs
oscillations ont été observées de nuit, à une heure où aucune voiture ne circule plus dans la ville.

---

[1] On les nomme *temblores* pour les distinguer des véritables tremblements de terre ou *terramotos*.

Voici le résumé des observations positives que j'ai pu rassembler, grâce aux notes de M. Craveri.

*Observations faites durant le mois de février 1855 au pre-
mier étage du palais de l'inquisition.*

Février, le 1er à 10 heures 45 min. du soir, ondulation très-sen-
sible.

Février, le 13 à 1 heure 45 min. du matin, oscillation très-faible
de près de 20 secondes, du nord-est au sud-ouest.

»   le 28 à 8 heures 30 min. du soir, petite ondulation.

»   »   » 9 »   »   »   »   nouvelle ondulation
plus forte.

Le 10, le 11 et le 13 avril, il y eut aussi de petites commotions dirigées E.-O., mais on n'a pu suivre à des observations régulières pendant ce mois.

*Observations faites la même année au 1er étage de la rue de
Sto-Domingo.*

Juin, le 10 à 6 heures du soir, direction nord-est, ondulation
de 2 centimètres, de forme arquée.

»   le 27 à 5 heures du matin, direction sud-est, ondulation
de 2 centimètres.

Juillet, le 9 à 9 heures 30 min. du matin, direction est-ouest, ondulation de $5\frac{1}{2}$ centimètres. (Les habitants ne s'aperçurent pas de cette oscillation, malgré son ampleur,
son mouvement ayant été doux.)

»   le 15 à midi, direction nord-est, ensuite est, enfin est-
nord-est. Les ondulations dans les trois sens furent à
peu près égales, d'environ 3 centimètres. Les habitants
les sentirent distinctement.

»   le 24 à 6 heures du soir, direction nord-sud. Ondulation
de 3 centimères (ne fut pas ressentie dans la ville).

Août, le 2 à 2 heures du soir, direction est-ouest. Ondulation
de 3 centimètres (peu d'habitants s'en aperçurent).

»   le 29 à 6 heures du soir. Petite ondulation vague.

Sept. le 4 à 9 heures du matin, direction nord-sud. Ampleur
2 centimètres.

Quoique ces observations n'aient été poursuivies que pendant quelques mois, elles montrent bien que le sol de la vallée de Mexico est soumis à des oscillations si fréquentes que c'est ici un phénomène habituel.

NOTE V. [1]

Carte du plateau de l'Anahuac et de son versant oriental.

Cette carte est celle de la partie du Mexique dont il est surtout question dans notre mémoire. Elle est d'un format peu commode pour une publication in-8°, et il avait d'abord été question de la faire paraître en quatre feuilles. Mais ce fractionnement n'aurait pas dispensé d'un pli transversal, et il découpait si mal le pays qu'on aurait eu quelque peine à se représenter le terrain. J'ai donc préféré n'en former que deux feuilles, et elles ont été disposées de manière à pouvoir être réunies en une seule, si on désire les faire coller sur toile, afin de les consulter plus facilement. Une juxtaposition de ce genre aurait l'avantage de faire mieux saisir la configuration du sol et la distribution des fleuves. Pour faire comprendre parfaitement la nature de ce pays, il eût été désirable de pouvoir étendre la carte d'un Océan à l'autre ; mais, outre que les matériaux m'eussent

1 Cette note forme, pour ainsi dire, un tout à part, en dehors du mémoire et destiné à faciliter l'intelligence des cartes. Elle doit être lue séparément avec ces cartes en regard.

On trouvera peut-être que j'y répète sous une forme plus brève des choses déjà développées dans les pages qui précèdent ou qui le seront dans les autres parties de ce travail. Ces répétitions étaient nécessaires pour donner un aperçu général du pays au point de vue géographique.

manqué pour représenter d'une manière satisfaisante un ensemble aussi vaste, la carte aurait pris un développement hors de proportion avec le but de ce mémoire.

Afin de rendre plus sensible la configuration si intéressante et si exceptionnelle de cette contrée, j'ai ajouté au dessin topographique le profil de la route de Mexico à Véra-Cruz, qu'a publié Humboldt, et auquel il n'y avait rien à changer, mais seulement quelques additions à faire. On ne doit pas oublier, en se servant de ce profil, que pour rendre les différences de niveau plus saisissables, on a considérablement exagéré les hauteurs, l'échelle verticale étant à l'horizontale dans le rapport de 24 : 1.

Configuration orographique.

La partie du plateau qui figure sur la carte est celle qui environne les deux plus grandes villes du Mexique, Mexico et Puebla. Elle forme, avec le plateau de Toluca qui s'étend au S.-O. de la vallée de Mexico, l'extrémité méridionale de la grande table du Mexique. Au Sud le sol s'abaisse, en passant par la terrasse de Cuernavaca, jusqu'à l'isthme de Tehuantepec ; au N.-O. il garde au contraire un niveau plus ou moins égal. Au N.-E. le plateau est limité par la bande montagneuse qui forme la pente rapide inclinée vers les terres basses voisines de la mer[1] et que j'ai constamment nommée le *versant du plateau* ou le *versant de la Cordillère*, considérant dans ce cas toute la table soulevée comme formant la Cordillère proprement dite. Souvent aussi l'on désigne ce versant sous le nom de : *la Cordillère*[2], vu sa nature montagneuse et parce que, en-

---

[1] Comme je l'ai dit ailleurs, ce terme de Cordillère est un nom générique qu'on applique au Mexique indifféremment à toutes les montagnes disposées en forme de chaîne.

[2] Cette bande ne doit pas être prise pour une chaîne plus élevée que les plaines du plateau Les montagnes qui la composent sont

visagé des terres basses du littoral, il prend l'apparence d'une grande chaîne de montagnes.

Cette chute du terrain, qui relie le plateau avec la mer, vient mourir dans les terres basses du littoral que j'ai indiquées sous le nom de la *zone maritime*. Je consacrerai quelques mots à donner un aperçu géographique de chacune de ces trois régions.

1° Le *plateau* ou la *table* qui occupe la portion S.-O. de la carte est une vaste plaine d'un niveau assez égal, mais semée de collines et de montagnes, qui se trouvent indiquées à peu d'exceptions près. La plupart sont des éminences volcaniques isolées et de forme arrondie ou conique. Parmi ces montagnes figurent les sept plus hautes cimes de la ligne de volcans qui traverse le Mexique de l'E. à l'O. Ce sont[1] :

Le pic d'Orizaba[2] ou Citlaltepetl (montagne qui brille comme une étoile).

La Sierra Negra, son annexe,

Le Coffre de Perote ou Nauhcampatepetl (montagne carrée).

La Malinche [3] ou Matlalcueye (femme morte).

Le Popocatepetl [4] (montagne fumante).

au contraire plus basses que le sol uni de celui-ci, à l'exception du rebord qui limite le plateau sur une certaine étendue. Le profil fait, du reste, bien comprendre cette forme du terrain.

[1] Les altitudes sont indiquées sur la carte.

[2] Aussi nommé volcan de San-Andrès. A 25 lieues en mer on aperçoit déjà les neiges de cette montagne brillant comme une étoile.

[3] Ce singulier nom paraît venir d'une double corruption de celui de Marina, maîtresse de Cortès et maintenant l'une des saintes du paradis. Les indiens transformèrent *Marina* en *Malintzin* en l'adaptant à leur langue, et probablement aussi parce que *Malintzin* était le nom d'une célèbre sorcière indienne ; les Espagnols, adaptant à leur tour Malintzin à la langue castillane, en firent *Malinche.*

[4] Ce volcan et le suivant ont conservé leur nom primitif. On écrit indifféremment *Popocatepetl* et *Popocatepec.*

L'Iztaccihuatl[1] (femme blanche) ou Zihualtepec (montagne de la femme).

Le Cerro de Ajusco, au sud de Mexico.

Toutes ces montagnes atteignent ou dépassent 3,800 mètres d'altitude (11000 pieds), et dans le nombre, trois sont couvertes de neiges éternelles[2]. Mais en outre le plateau possède plusieurs autres sommités capables de figurer partout ailleurs parmi les hautes montagnes, mais qui, à côté des colosses qui les entourcut, ont à peine eu l'honneur d'être mentionnées. Ainsi les Derrumbados, entre Pérote et Chalchicomula (3120^m), le Cerro de las Navajas, dans le massif de Réal del Monte (3600^m), etc.

Malgré ce nombre de grandes montagnes, le plateau est, comme le montre l'inspection de la carte, une contrée singulièrement sèche[3], presque dépourvue de cours d'eau. Les plus grands volcans, tels que le Popocatepetl et l'Itztaccihuatl, émettent seulement des ruisseaux; la large masse de la Malinche n'en fournit guère; le Coffre de Pérote et le pic d'Orizaba n'alimentent que des rigoles à l'Occident et quelques ruisseaux à l'Est. La surface de la table prend à cause de cela, pendant l'hiver, le caractère de vastes plaines de poussière[4] d'un aspect fort aride, où ne végètent presque que des aloès, des cactus et des

---

[1] Quelquefois nommé *Sierra Nevada de Puebla.* — Prononcez *Itztatcihouatl.* Ce nom devrait s'écrire *Ixtlazihuatl*, et devrait probablement se prononcer : Ischtlazihouatl.

[2] Le Popocatepetl 5450^m ; le Citlalteptl 5410^m, l'Iztaccihuatl 4800^m ; et en dehors des limites de notre Carte , le Nevado de Toluca qui porte quelque peu de neige, 4600^m.

[3] Les causes en sont développées dans la deuxième partie du mémoire.

[4] Ce mot de *plaines* pourrait paraître impropre, appliqué à une région qui est encore bien chargée de montagnes, mais il ne faut pas oublier que les collines et les montagnes coniques, ne sont pour ainsi dire que des ilots ; que la plaine se continue tout à l'entour. Le voyageur en sent si bien la continuation qu'il a toujours l'impression des grandes plaines, quoique voyageant sans cesse entre des montagnes.

yucca ; mais pendant la saison des pluies, ces plaines deviennent d'une grande fertilité et se couvrent de riches moissons. A côté de cet excès de sécheresse on voit l'extrême opposé. L'égalité du sol ou la disposition des collines s'opposant à l'écoulement, les ruisseaux formés par les pluies estivales vont se perdre dans les plaines, les inondent et y forment des lacs et des marais. C'est ainsi que presque toute la vallée de Mexico est inondée, et l'on voit des marais analogues sur le plateau de Toluca, autour de Lerma ; sur celui de Puebla, autour de Ojo de Agua ; d'Apan, et en nombre d'endroits. Le torrent de la Fundicion, qui descend du Citlaltepetl, se perd de cette manière dans les plaines de Tepetitlan.

Sur le titre de la carte et dans le mémoire, je me suis servi du nom d'*Anahuac* pour désigner toute la partie du plateau représentée sur cette carte, et je l'étends encore au plateau de Toluca. Vu l'incertitude qui a de tout temps plané sur ce terme, il m'était difficile de le préciser, à moins de le restreindre à la vallée de Mexico ; difficile aussi de trouver un terme qui s'appliquât aux autres parties du plateau ; car les divisions politiques n'ont rien de naturel pour la géographe, à plus forte raison, pour le physicien.

Suivant les auteurs anciens, l'Anahuac était contenu entre le 14e et le 21e degré de latitude. Il comprenait, outre l'empire aztèque de Montezuma, les petites républiques de Tlaxcala et de Cholula, le royaume de Tezcuco et le Méchoacan qui s'étend à l'O. vers le Pacifique. [1] Le *plateau de l'Anahuac* correspond donc assez exactement à la partie du plateau mexicain que représente notre carte, à condition toutefois d'y ajouter le plateau de Toluca, et la partie du Mechoacan qui appartient encore au plateau.

A Mexico il est des gens qui voudraient limiter ce nom

---

[1] Humboldt, Nouv. Esp. I, 196.

au seul bassin de la vallée où trônait Montezuma. Son sens étymologique, qui signifie *pays entre les eaux* (Anahuatl), semble en effet une allusion à l'ancienne Tenochtitlan, située au milieu des lagunes, et aux autres villes de la vallée, telles que *Tezcuco*, *Tlacopan* et *Ascapozalco*, toutes situées jadis sur des îles ou baignées par les eaux. Mais, d'un autre côté, Anahuac peut aussi faire allusion au continent situé entre deux mers, et, partant, s'appliquer à toute la partie du Mexique approximativement comprise entre l'Isthme de Tehuantepec et le 21ᵉ degré de latitude. Ainsi Ixtlilxochitl, auteur indien de l'époque de la conquête, dit, chap. II : « Pendant ce 4ᵉ âge, la nation toltèque arriva dans le pays d'Anahuac *que l'on nomme aujourd'hui la Nouvelle-Espagne.*» Dans un autre passage il la fait aborder à l' « Anahuac » après une centaine de lieues de navigation à partir du Xalisco, avant la fondation de Tula. De nos jours encore les habitants du Texas disent « aller à Anahuac, » pour : « aller au Mexique. »

Toutefois ce serait une faute que d'étendre le nom d'*Anahuac* à tout le Mexique, car l'auteur indien, en le comparant à la Nouvelle-Espagne, semble avoir eu surtout en vue les provinces les plus voisines de la capitale. D'ailleurs le Mexique est suffisamment indiqué par son nom reçu, et il faut bien un terme pour désigner la partie terminale du plateau mexicain ; celle qui par son étroitesse offre une situation physique exceptionnelle, celle où se trouvent les principales villes et la population la plus dense, celle dont il est le plus souvent question et sur laquelle les rois aztèques avaient jadis étendu leur domination.

Cette partie du plateau comprend surtout les districts de Mexico, de Puebla et de Tlaxcala, auxquels il faut ajouter les plaines de Tula, et celles de Toluca. Les régions qu'on y distingue ne forment à vrai dire qu'un seul

et unique ensemble , puisqu'elles ne sont pas séparées
par des dépressions du sol. Néanmoins, pour plus de com-
modité, je les désigne parfois séparément par les noms
de plateau de Mexico, de Puebla, etc. J'entends par là
les portions du plateau qui entourent ces villes. Ces diverses parties de la table sont du reste assez naturellement indiquées par la configuration du sol.

Le plateau de Mexico forme une véritable vallée ovale,
bornée de toutes parts par des chaînes de montagnes ou
par des lignes de collines. Au sud-est s'élèvent le Popocatepetl et l'Iztaccihuatl, suivis plus au nord du petit massif de Rio-frio, également fort élevé. Au sud s'étend la
chaîne de Cuernavaca qui s'élance dans le volcan d'A-
jusco à une hauteur de près de 5000 pieds au-dessus de la
vallée. Au nord et à l'ouest, les collines qui la bordent à
des hauteurs peu considérables, la ferment de toutes
parts, en sorte que, pour décharger les eaux de ce bassin, il
a fallu établir le tunnel du *Desaguë*. Celui-ci s'est écroulé,
et n'est plus maintenant qu'une tranchée insuffisante pratiquée au travers de la colline. Les quelques rochers qui
s'élèvent du sol marécageux de cette vallée, tels que celui de Chapultepec, du Peñon viejo et du Peñon de los
Baños forment des îles dans les marais qui occupent encore tout le fond du bassin.

Le plateau de Toluca, séparé de celui de Mexico par
une chaîne de croupes arrondies ou hérissées de cônes
volcaniques, est assez bien limité aussi. Il se compose
d'ondulations et de plaines de poussière, du sein desquelles on voit s'élever le puissant Nevado de Toluca. Mais
autour de Lerma, on trouve des marais analogues à ceux
de Mexico, dans lesquels le Rio grande de Santiago prend
l'une de ses sources. Au S.-E. le terrain s'abaisse rapidement vers le gradin plus bas de Cuernavaca, tandis qu'à
l'ouest le plateau se prolonge et se perd dans les montagnes du Mechoacan.

Le plateau de Puebla n'est pas aussi bien limité que
celui de Mexico. Il est bien séparé de ce dernier par les
grands volcans déjà mentionnés et par le col de Rio-frio ;
mais il se prolonge dans tous les sens avec une hauteur
égale, sous la forme de plaines et d'ondulations faibles,
semées de montagnes isolées ou groupées de manière à
former des séries. Tandis que le bassin de Mexico est limité par de véritables chaînons continus, le plateau de
Puebla n'offre que des croupes et des cônes épars ;
c'est pourquoi il forme moins un bassin qu'un pays
ouvert et sans limites précises. Au nord, il s'élève un
peu dans la direction de Tlaxcala, ancienne capitale des
alliés de Cortès, et vers le grand massif de la Malinche ; puis il se prolonge au loin vers le N.-O. où il s'unit
aux plaines de Tula. Au Sud il plonge vers l'Isthme de
Tehuantepec. A l'Est il est borné par une sorte de rebord
qui précède la chute rapide du versant. (Voyez sur le profil : *Las Vigas*.) Ce relèvement du sol au bord même du
plateau est un indice à l'appui de ce que j'ai dit à plusieurs reprises, savoir que le plateau mexicain est une
sorte de bassin ou de vallée multiple, formée par plusieurs
plis de soulèvement et remplie par une énorme quantité
de matières volcaniques (tant de débordement que de
projection), jusqu'à nivellement plus ou moins complet
des dos d'âne.

2° *Versant.* — En jetant les regards sur le profil du
terrain, on voit avec quelle promptitude le sol s'abaisse
vers la mer.

Toutefois cette pente n'est pas aussi simple que
pourrait le faire supposer l'examen du profil. Le premier
saut est en général très-brusque, souvent formé par des
escarpements ; mais sur les gradins plus inférieurs, on
voit apparaître une grande complication de montagnes.
Le versant prend souvent l'aspect de plis alternatifs et

de vallées enchevêtrées, comme cela se voit dans les
grandes chaînes. Cet arrangement tient surtout à une
suite de dislocations qui ont coupé transversalement les
bords de la masse soulevée du plateau, de manière à
former des vallées plus ou moins parallèles, nombreuses
et rapprochées. Les déchirures tendent toutes vers les
plaines maritimes, quoiqu'en suivant parfois des lignes
contournées, ou ayant même à leur origine une direction contraire : comme, par exemple, la grande gorge
de San Sébastian, qui, au nord de Real del Monte, se dirige d'abord au N.-O. pour aller aboutir dans la vallée de
Mextitlan.

Cette succession de coupures pratiquées dans les bords
du plateau, forme ce qu'on appelle les *barrancas*. Ce
sont, tantôt de véritables vallées séparées par des dos-
d'âne ou contreforts du plateau, tantôt de simples crevasses bordées par des parois à pic, mais dont le niveau inférieur atteint jusqu'à un kilomètre de largeur. Le sol
des barrancas, formé d'un terrain d'érosion, est souvent
assez uni, et s'incline vers les plaines maritimes pour ensuite se confondre avec elles. Les murs de séparation intercalés entre les gorges sont des prolongements plus
ou moins étroits du plateau, ou des promontoires qui s'a-
vancent dans les plaines comme les dents d'un peigne, et
dont la surface supérieure continue celle du plateau,
tout en s'abaissant vers les plaines maritimes par une
pente plus rapide que ne le font des vallées[1].

Ces grandes coupures des bords du plateau sont l'une

---

1 On ne saurait mieux rendre compte du système des barrancas
que par la comparaison d'un peigne posé à plat sur une table. La
table représentant le sol des plaines, les dents du peigne représen-
teraient les murs de séparation qui s'avancent en forme de promontoires ; les espaces compris entre les dents figureraient les vallées ou barrancas, qui forment comme autant de golfes allongés
des plaines, pénétrant dans l'épaisseur du plateau.

des circonstances qui entrent pour la plus forte part dans les beautés pittoresques de la Cordillère; mais elles créent aussi l'un des plus formidables obstacles à la circulation [1].

Comme nous l'avons montré, le versant du plateau est une zone très-humide, et l'inspection de la Carte fait voir jusqu'où va le luxe de ses irrigations. Tandis que le plateau est une région sèche, traversée plutôt qu'arrosée par quelques ruisseaux insignifiants, et occupée par quelques marais produits par des eaux de pluie, son versant est sillonné par des milliers de ruisseaux, et par d'innombrables petites rivières qui vont former des fleuves au débouché des vallées. C'est en effet sur le versant que vient sourdre l'eau emmagasinée dans le sol du plateau et c'est aussi sur cette partie du pays que tombe de beaucoup la plus grande quantité de pluie. (Voyez page 133, note III.) Aussi chaque barranca, chaque petite vallée a son torrent qui conserve presque toute l'année une notable quantité d'eau. Grâce à sa grande humidité, toute cette zone est couverte de forêts épaisses et luxuriantes partout où elle n'est pas cultivée.

On a tant écrit sur la merveilleuse succession de flores et de faunes qu'on rencontre dans cette courte ascension, qu'il est inutile d'y revenir ici.

3° *Littoral* ou *zone maritime.* — Cette zone forme une bande étroite qui longe la côte. Elle n'a guère que de 5 à 15 lieues de largeur, car la Cordillère commence déjà à s'élever à cette distance de la mer. Elle constitue la véritable *terre chaude* où toutes les cultures tropicales réussissent au mieux. Quoique certaines parties de cette région soient formées de pays bas, sortes de deltas intérieurs, comme le Tabasco par exemple, ce n'est là que l'excep-

---

[1] J'aurai lieu de parler plus au long des barrancas dans la deuxième partie du mémoire.

tion : la plus grande étendue est ondulée, couverte de collines de grès de plus en plus prononcées à mesure qu'on avance dans l'intérieur du pays et qui forment, pour ainsi dire, les restes de la Cordillère qui y vient mourir. Telle est en particulier toute la portion de la zone maritime qui s'étend d'Alvarado à Tampico.

Les eaux de la Cordillère se réunissent ici pour former de grands fleuves, tous navigables pour les canots du commerce, mais d'un accès difficile aux vaisseaux à cause de l'obstruction dé leurs embouchures. Cependant quelques-uns peuvent être remontés par des bâtiments capables de tenir la mer ; mais bientôt ceux-ci se trouvent arrêtés par des rapides ou par des bancs de galets que les eaux amoncellent au débouché des collines. Les fleuves du Tabasco font seuls exception par la longueur de leur cours à travers le pays bas, formé de leurs propres alluvions.

L'abondance des rivières et la force des pluies jettent une grande humidité dans le sol de cette zone brûlante. Néanmoins certaines portions conservent bien avant dans les terres la nature sablonneuse et aride de la plage, comme le district de Vera-Cruz, qui se prolonge ainsi jusqu'au Chicuite. Mais la majeure partie du littoral est couverte de forêts impénétrables d'un aspect majestueux, composées d'acajoux, de chijotl, de bois de teinture et d'une infinité d'arbres magnifiques, dont l'exportation serait pour le pays une immense ressource. Mais les arts de l'Europe n'ont pas encore appris à utiliser ces bois de toutes les nuances et de qualité remarquable. C'est au milieu de ces forêts que croissent une multitude de plantes aromatiques, en particulier la vanille, dont la meilleure qualité ne prospère qu'autour de Papantla, bourgade qui doit sa richesse et sa renommée à cette branche de l'agriculture.

La côte du golfe, très-funeste à l'homme du nord et à

l'indigène du plateau par les fièvres pernicieuses qui la
désolent,est, pour cette raison, à peine cultivée ; les plan-
teurs préfèrent le climat moins dangereux et le sol aussi
productif des vallées chaudes de la Cordillère. Néanmoins
les races antiques qui avaient porté la civilisation du Mexique à un si haut point avant même que l'Amérique fût
connue des Normands, ces races s'étaient répandues dans
les plaines basses et y avaient élevé de nombreuses villes,
comme l'attestent les ruines admirables et gigantesques
de Palenque, les restes qu'on voit près de Misantla, la
pyramide de Papantla, étonnante par la haute science as-
tronomique qu'on y découvre, et d'innombrables vestiges
que l'on rencontre au centre des forêts, où des monceaux
de pierres taillées attestent que là existèrent d'anciens
monuments. Aucune route de quelque importance ne traverse plus ces vastes régions, naguère si prospères ; de
simples sentiers praticables pour les mulets sillonnent
seuls leurs forêts immenses qu'on serait tenté de nommer
vierges, si l'on n'y voyait ces nombreuses traces laissées
par d'anciens habitants. C'est par ces sentiers presque
impraticables dans la saison des pluies, que se fait tout
le trafic qui ne trouve pas une voie plus naturelle par la
mer.

A part l'embouchure des rivières, d'un accès toujours
difficile, la côte n'offre aucun bon port. A Vera-Cruz il
n'y a qu'un mouillage, mais plus au sud, la baie Sonte-
connepam et la Laguna de los Terminos sont d'excellentes
rades, malheureusement abordables seulement à de petits navires.

Abréviations.

R. = Rio, *rivière, fleuve* (dans certains cas aussi *ré-
cif*).

L. = Laguna, *lac, lagune*.

                COUP D'ŒIL

C. = Cerro, *montagne, colline.*

M. = Monte, *mont, montagne boisée.* (Monte de las Cruzes au S.-O. de Mexico.)

S. = Sierra, *chaîne de montagnes.*

S. = San ou Santa, *Saint* ou *Sainte* dans un nom géographique. (Exemple : San Antonio, San Andres, Santa Clara, Santa Maria.)

V. = Venta, *boutique, hôtellerie, station de muletiers.*

Villes et localités.

Il ne m'a pas été possible de nuancer toujours suffisamment bien le degré qui indique la grandeur des villes. Plusieurs localités sont importantes en raison de leur situation plutôt que de leur grandeur ou ont seulement une importance relative dans la province qu'elles occupent.

Il aurait été d'autant plus difficile de graduer convenablement les signes des localités qu'il est impossible de connaître au juste le chiffre de leur population. Les documents officiels que je possède à ce sujet rendent bien compte de la population des arrondissements ou des provinces, mais non de celle des villes. [1]

[1] Suivant un document publié en 1855 par M. Velasquez de Leon, le Mexique, avec une population de 7,853,000 âmes, posséderait : 85 villes, 193 bourgs, 4709 villages, 119 couvents, 10 missions, 175 établissements de mines ; 6092 haciendas, 15985 fermes ou petites haciendas.

Il serait difficile de dire au juste quelle est la proportion de ces chiffres qui revient à la partie du Mexique que représente notre carte ; car celle-ci coupe plusieurs départements (ou Etats), et il règne un certain vague quant à la catégorie dans laquelle on doit classer chacune des localités.

Le chiffre de la population nous paraît exagéré ; il atteint probablement à peine 7 millions, sur lesquels 2 millions d'Indiens purs ; le reste, de métis et de blancs. Ces derniers sont en petit nombre, car il est peu d'indigènes qui ne soient pas jusqu'à un certain point de sang mêlé.

Les localités portées sur la carte comme villes ne sont donc pas toujours celles qui jouissent de la plus forte population. Ainsi les bourgs de Tesuitlan de Xalacingo ou de Zacapoaxtla sont moins importants que celui de Pérote ; la ville de Pachuca n'est sans doute pas plus riche en population que Réal del Monte; mais elle est ancienne et bâtie à l'espagnole en solides maisons de pierres, etc.

Les travaux de statistique sont tout à fait dans les goûts des Mexicains. La littérature a de tout temps été fort cultivée parmi eux, mais l'ignorance de toutes choses dans laquelle l'Espagne avait entretenu ses colonies, a laissé le Mexique fort retardé dans les sciences. Du reste, l'instinct de la nation étant plutôt porté vers les œuvres d'imagination que vers les faits pratiques, il en est résulté un grand développement littéraire au détriment presque complet de l'éducation scientifique. La statistique étant de toutes les sciences pratiques la plus facilement abordable et celle qui se marie le mieux avec les fonctions publiques, c'est naturellement vers elle que se sont portés les efforts des hommes d'étude.

La statistique administrative a donc beaucoup fourni au Mexique. Mais malgré les nombreux et louables travaux de tant d'hommes assidus, les résultats obtenus ne me paraissent pas entièrement satisfaisants. l'instabilité des gouvernements ayant sans cesse entravé ou interrompu les travaux de ce genre. D'ailleurs, autant les Mexicains sont aptes à la rédaction et aux travaux de cabinet, autant ils sont inhabiles dans la partie pratique de toutes choses, en sorte que le fond des travaux ne répond pas toujours complétement à l'excellence de la forme.

N'ayant pu me procurer de documents officiels sur la population des villes, j'ai cherché à m'en instruire par des renseignements pris auprès des principaux habitants. Mais dans leur estimation, ceux-ci m'ont souvent donné

des chiffres qui m'ont paru être des exagérations éviden-
tes. A Tuxpam par exemple, on me soutint que la ville
contenait 10,000 âmes. J'en aurais estimé la population à
la moitié tout au plus. Les doutes qui ne peuvent manquer de surgir dans un cas pareil sont d'autant plus légitimes que les maisons mexicaines n'ont pour la plupart
qu'un seul étage, sauf dans les plus grandes villes.

J'attribue les erreurs en plus qui règnent sans contre-
dit, même dans certains chiffres officiels de la population
des villes secondaires, à deux causes bien palpables.

D'abord la population mexicaine, surtout l'indienne, a
des goûts si vagabonds qu'elle se transporte sans cesse
d'un lieu à un autre, et il est plus que probable que dans
l'estimation des habitants, on comprend ainsi une multitude de gens qui ont déjà changé de résidence ou qui ne
font que passer, et qui par conséquent, sont comptés
dans plusieurs localités.[1] Mais la cause la plus probable
d'erreur est la négligence avec laquelle se font parfois les
relevés statistiques.

On a fait exécuter aussi exactement que possible, le re-
censement des principales villes du Mexique: mais dans
un pays qui ne possède pas encore d'état civil et où toutes
les administrations sont dans un vague désespérant, ces
opérations ne se font pas toujours avec le degré de précision désirable. [2]

Pour les campagnes et les villages, on use d'un procédé
plus expéditif et l'on s'en rapporte simplement aux estimations données par les autorités. Voici comment on s'y
est pris plus d'une fois pour dresser la statistique de tel ou
tel district ou même d'une province entière.

---

[1] Il est vrai que dans l'estimation de la population *des provinces*
il y a une compensation dans le nombre des individus qui, menant
une vie errante, ne figurent nulle part.

[2] Les chiffres les plus certains sont: Mexico 190 000 âmes, Pue-
pla 70 000, Jalapa 12 000 âmes, Cordova 9000.

L'ingénieur topographe arrivait hors d'haleine dans un village, faisait appeler l'alcade ou le curé, s'enquérait auprès de lui du nombre des habitants, de celui des hommes, des femmes, etc., inscrivait le tout sur son registre, d'après de simples estimations, et repartait pour un autre village. Comme on doit s'y attendre, avec un pareil mode de procéder, le chiffre de la population est toujours trop fort ; car il est dans la nature humaine de s'exagérer l'importance du lieu qu'on habite [1]

Toutes les notes que rapportent les ingénieurs chargés de ces travaux s'acceptent ensuite sans contrôle, et se publient sans la moindre critique sous le nom de quelque ministre, ou de tout autre fonctionnaire.[2] Le Mexique étant, comme nous l'avons vu, un pays très-littéraire, où on saisit vivement et avec zèle tous les projets en théorie, mais où tout vient échouer devant la pratique ou les révolutions, presque toutes les entreprises y restent inachevées. Aussi la satisfaction qu'on y éprouve d'avoir mené n'importe quoi à bonne fin, contribue à faire accepter tout travail, pourvu qu'il soit terminé.

Ce que j'ai dit de l'indication des villes sur la carte est à plus forte raison vrai des villages. Il aurait été difficile d'en graduer convenablement les signes d'après leur grandeur. La différence entre les villes et les villages tient surtout à ce que les premières, presque toutes anciennes fondations espagnoles, sont bâties en pierre, ce qui rend la population plus stable que dans les villages, composés

---

[1] On ne peut manquer de préjuger de la légèreté de ces études statistiques en lisant les naïves indications sur les cultures, les produits végétaux et animaux des provinces, qui complètent ces mémoires statistiques, et auxquelles on consacre de nombreuses pages des Annales du Fomento.

[2] C'est ainsi que j'ai vu procéder sous Santa-Anna, et j'ai été confondu des travaux de certains ingénieurs qui n'en avaient que le nom.

de huttes construites en terre ou en perches de bois. Ceux-ci grandissent rapidement avec les causes qui attirent la population, comme un établissement de mines. par exemple ; mais ils sont sujets à disparaître quand ces causes viennent à cesser. Néanmoins il n'est rien d'absolu dans ces termes. — Les villes d'une certaine grandeur ont toutes le même cachet : toutes ont des rues tirées au cordeau, des maisons à terrasses de style mauresque, avec une grande place centrale entourée d'édifices à arcades, et nombre de superbes monuments religieux. Mais les petites villes ou les bourgs offrent un caractère plus variable. Les uns, anciennes fondations espagnoles, comme Pérote et Amozoc, sont calqués sur les villes, tandis que d'autres, nés pour ainsi dire tout seuls, ressemblent à des villages européens. Plusieurs bourgs de la Cordillère sont dans ce cas, par exemple Zacualtipan et Real del Monte. Les rues, assises sur un terrain inégal, y sont tortueuses, et dans ces régions de montagnes, la quantité excessive des pluies et l'abondance du bois ont conduit tout naturellement au mode de construction adopté dans les pays du Nord, en faisant substituer les toits aigus et couverts en bardeaux aux terrasses des maisons espagnoles. Ce mode de construction donne aux bourgades qui l'ont adopté le caractère de villages, malgré leur étendue, d'autant plus que, vu l'origine plus récente de ces localités, elles ne possèdent aucun de ces beaux monuments religieux qui se retrouvent dans les moindres villages d'ancienne fondation espagnole. Du reste, ces bourgades, comme la plupart des villes de second ordre, ne sont presque importantes que par leur population. et on n'y trouve pas la moindre ressource en quoi que ce soit[1].

J'ai indiqué sur la carte par un simple cercle les villages

1 Jalapa, Orizaba et Cordova font exception, vu le commerce étranger qui s'y est établi.

ainsi que les haciendas, quoique celles-ci soient des créations entièrement distinctes. Les haciendas sont des exploitations agricoles, minières ou autres. Ce sont en général de vastes constructions de pierre. Celles qui datent des Espagnols, et c'est l'immense majorité, sont souvent d'une grande étendue : elles possèdent des domaines de plusieurs lieues carrées, et elles sont bien plus importantes que de petits villages ; car leur seule présence entraîne l'existence d'un ou plusieurs hameaux d'ouvriers indiens. De plus, les haciendas sont des résidences permanentes, vu leur solide construction qui leur assure une longue conservation, tandis que les hameaux isolés, composés de chaumières, disparaissent souvent avec la même facilité qu'ils apparaissent ; d'où il résulte pour la géographie un vague qui doit créer de grandes difficultés. Il serait donc utile de distinguer les haciendas des villages, sur les cartes établies à une grande échelle.

L'abus ridicule qu'on a fait des noms de saints dans ce pays, donne lieu à d'innombrables confusions ; car il n'est pas un saint du calendrier et pas un dogme catholique dont le nom ne représente une légion de localités de tout rang. Le cartographe ne peut que les transcrire sans s'occuper de les distinguer ; toutefois, afin d'atteindre ce but le mieux que possible, il est bon de prendre pour règle de toujours respecter les noms primitifs, car bon nombre de localités jouissent comme les montagnes du privilège d'avoir un nom indien et un espagnol.

Exemple : *Chalchicomula*   ville du plateau
    San Andrès   au pied du Citlaltepetl
     Tlalpan
San Augustin de las Cuevas   au sud de Mexico

Quoique cette méthode épargne bien des confusions, elle ne les épargne pas toutes ; car les noms indiens sont loin d'exister partout, et ils se répètent eux-mêmes sou-

vent. Ainsi il existe une quantité de *Tuxpan* (le seul
considérable est le port de mer de ce nom), plusieurs
Ayotla, plusieurs *Tepetitlan*, etc.

Rivières.

Une autre source de confusion se trouve dans les noms
des rivières, dont chaque tronçon porte une dénomination
différente, souvent empruntée à la principale localité
qu'il baigne chemin faisant, et ici aussi les répétitions
sont fort nombreuses. (Exemple : sur notre carte on
trouve deux *Rio-Atoyac*.) Il faut noter aussi que le nom
de *Rio Grande* s'applique à tous les grands fleuves : il y
a le Rio Grande del Norte, le R. Grande de Tampico, le
R. Grande de Santiago, et tant d'autres dans les deux
Amériques. Le mot *Grande* n'est qu'un adjectif local sur-
ajouté, qui n'est bon qu'à engendrer des erreurs, parce
qu'on le prend souvent pour un nom propre. Il faut donc
le bannir de la nomenclature géographique, en tant que
terme isolé, c'est-à-dire, qu'il faut toujours le faire suivre
du véritable nom du fleuve.

Comme dans la deuxième partie de mon travail je parle
au long des cours d'eau, je n'ajouterai rien à ce qui les
concerne.

Routes.

Dans la zone maritime il n'y a pas de routes proprement dites. Les communications ne se font, comme nous
l'avons vu, que par des sentiers, et tout le transport a lieu
à dos de mulets. Pendant la saison des pluies, ces sentiers, qui pour la plupart traversent de grandes forêts, se
détrempent à tel point, à force d'être piétinés par les bêtes
de somme, qu'ils deviennent à peu près impraticables.
Ils ne forment bientôt plus que des sillons remplis d'une
boue gluante où les mulets enfoncent à mi-jambe, et par-

tout ils sont coupés par des fondrières de vase liquide.
On peut en dire presque autant du versant de la Cordillère, qui n'offre des voies meilleures qu'à la fin de l'hiver
ou au printemps. Le passage des rivières à gué devient
très-difficile, et quant aux fleuves, ils forment en toute
saison un obstacle sérieux qu'on franchit en canot et en
traînant à la remorque les chevaux et les mulets.

Il n'en est pas de même dans les parties sablonneuses
de la côte, ni du plateau, dont les plaines, unies et sèches
pendant la plus grande partie de l'année, sont d'un parcours facile, et dont toute l'étendue peut au besoin servir
de route.

Route de Véra-Cruz à Mexico. —Les Espagnols ont laissé
partout au Mexique de grandes choses, et on ne pourrait
que les féliciter des monuments de leur activité, s'ils ne
s'étaient servis pour les élever de moyens en général ré-
préhensibles, et si leur génie créateur, issu du principe
d'autorité, n'avait porté en lui-même le germe de sa propre
décadence. Les grandes routes qui sillonnent encore ce
pays datent à peu près exclusivement de l'époque des rois
d'Espagne. Celle de Vera-Cruz à Mexico, comme la plus
importante, avait été l'objet d'une grande attention.

Il existe pour se rendre à la capitale deux voies qui,
partant de Véra-Cruz, se réunissent à Puebla, après avoir
passé l'une au Sud, l'autre au Nord des deux grandes
montagnes du versant, le Pic d'Orizaba et le Coffre de
Pérote.

La route du midi, dite par Orizaba, traverse d'abord
les plaines sablonneuses de la plage, où elle n'exige presque aucun entretien. On avait commencé à établir un
chemin de fer qui devait la remplacer; mais comme les
entreprises de ce genre n'ont jamais été sérieuses sous le
régime mexicain, et qu'elles servaient seulement à masquer des spéculations peu avouables, on n'en a exécuté

que trois ou quatre kilomètres. Le pays s'élève très-gra-
duellement jusqu'au Chiquehuite (ou Chicuite) où la route
franchit un petit col taillé dans le roc, d'où elle redescend
dans la fertile vallée de Cordova. Des gradins et des escarpements de rochers conduisent ensuite, en quatre ou
cinq heures, à Orizaba, et la route, fort bien établie, est
ici meilleure que dans les plaines, parce qu'elle est ouverte en grande partie dans un terrain calcaire dur, en
sorte qu'elle peut mieux qu'ailleurs se passer d'entretien.
A Orizaba on est déjà à mi-côte de la Cordillère, et le reste
de l'ascension au plateau est encore plus court. La pittoresque vallée d'Orizaba se prolonge dans celle d'Aculcingo
qui conduit au pied des grands escarpements qui supportent le plateau. On passe ici un double col, partagé par la
petite vallée haute de *Puente-Colorado*. La route de montagne franchit, en serpentant en grande partie dans le roc,
les sauts les plus rapides. Après le passage dit de *Cerro-
gordo*[1], elle débouche dans les plaines du plateau, passant par Morelos ou Istapa, San Augustin del Palmar, atteignant Tepeaca par un léger détour au sud, et enfin Amozoc et Puebla. Dans ce trajet, la route se confond souvent
avec les plaines nues du plateau sur lesquelles les chariots et même la diligence passent sans trop s'inquiéter
de la voie soi-disant frayée, que les muletiers du pays
nomment encore *Camino-real* (route royale).

Personne n'entretient cette route; quand un endroit
est trop détrempé, coupé d'ornières qui dépasseraient l'es-
sieu, ou rendu impraticable par quelque accident, on
passe à droite ou à gauche, en sorte que la voie se transporte d'un côté à un autre. Souvent il existe deux ou trois
voies collatérales formées par les chariots de marchan-
dises. Toutefois, aux approches de Puebla, on voit une

---

[1] Les *Cumbres*, célèbres par une bataille gagnée par les Américains sur Santa-Anna, et par le combat livré par les Français en
1862.

magnifique chaussée, malheureusement bien courte, mais établie avec beaucoup de luxe. C'est l'un des plus grands défauts de la nation mexicaine que de toujours rechercher le luxe quand il lui manque encore le nécessaire, et c'est là une des causes qui font avorter toutes ses entreprises.

De Puebla, la seconde ville du Mexique[1], un chemin conduit à Mexico en passant entre le Popocatepetl et l'Iztaccihuatl; c'est celui que prit Cortès, marchant à la conquête de Tenochtitlan. Mais la route carossable passe au nord de l'Iztaccihuatl, franchit le col fort élevé de Rio-Frio, qui atteint une altitude de 10,000 pieds, quoique seulement élevé de 3,000 au-dessus des plaines. Entre la *venta* de Rio-Frio et celle de *Cordova*, on traverse une sorte de vallée nommée *barranca de Juanes*, et l'on débouche ensuite par une pente rapide dans la vallée de Mexico[2]. Afin d'éviter les lagunes et les marais qui s'étendent jusqu'à la capitale, elle laisse Chalco[3] au sud et contourne au nord le lac du même nom, pour prendre à travers les collines volcaniques d'Ayotla : elle passe ensuite au sud du lac de Tezcuco en redescendant dans les marais, qu'elle traverse en chaussée ; longe à quelque distance le lac de Tezcuco (qui, en été, se prolonge même au midi de la chaussée) et atteint en ligne droite la capitale par l'angle que forme le canal qui unit le lac de Chalco à celui de Tezcuco.

La seconde route de Véra-Cruz à Puebla se dirige plus au nord et s'élève également à travers des savanes arides jusqu'au pied de la Cordillère. Elle franchit à Puente-

<hr>

[1] Population 70,000 âmes.

[2] Voyez les cotes d'altitude sur ce col.

[3] Un chemin parallèle à la route de Mexico met Chalco en communication directe avec Huexocingo et Puebla. Il passe la montagne un peu au sud de Rio-frio, par le col d'Acoculco, ainsi nommé d'après la *Venta* (auberge, refuge) de son sommet ; mais ce chemin n'est pas carossable.

Nacional un grand pont de pierre célèbre au Mexique par sa beauté pittoresque et surtout parce que c'est le seul ouvrage de quelque grandeur qui ait jamais pu être mené à bonne fin par les Mexicains[1]. A partir de ce point, la route s'élève très-rapidement jusqu'à Jalapa, ville de 10 à 12,000 habitants, située, comme Orizaba, à mi-côte de la Cordillère, mais d'un climat plus doux à cause de la forme plus ouverte de sa vallée[2]. En quelques heures encore la route s'élève à Las Vigas, où elle franchit un petit col plus élevé que le plateau[3], duquel on redescend légèrement dans les hautes plaines de Pérote.

Vers le sommet du col, le terrain forme un pli enfoncé nommé la *Barranca Honda* ; le dos d'âne situé au levant de ce pli est celui de Las Vigas, et le dos d'âne au couchant, dans la direction de Pérote, est celui de *Rio-Frio chico* ou *petit Rio-Frio*, ainsi nommé par opposition avec le grand col de Rio-Frio qui borne au levant la vallée de Mexico, de même que le petit col borne dans la même direction le plateau de Puebla. Ces deux cols ne manquent pas d'une certaine analogie, puisque, outre leur situation correspondante, ils sont tous les deux partagés par une barranca.

Pour atteindre Pérote, ancienne ville espagnole, bâtie en pierre, et d'un climat assez rude, on n'a plus qu'à longer au N.-O. la montagne du même nom sur un sol presque uni. La route mal tracée traverse ensuite ces longues plaines toujours encadrées de collines et de mon-

---

[1] Aussi porte-t-il le nom de *Nacional*. Tous les autres ponts et chemins continuent à s'appeler *real* (royal), tant il est vrai que la nation a conservé tous ses vieux instincts monarchiques sous la forme républicaine. Ce pont avait été commencé par les Espagnols.

[2] Sur toute cette route, suivez l'étonnante progression des cotes d'altitude.

[3] Voyez le profil.

tagnes de hauteur médiocre. Elle passe à Tepeyahualco, au pied du volcan Pizarro.

A Ojo de Agua elle longe des marais qui réjouissent l'œil du voyageur par la verdure qu'ils répandent au milieu des plaines poudreuses de ce plateau. Avant d'atteindre Amozoc, elle franchit le col du Pinal, célèbre repaire des brigands. La route passe ici en chemin creux le long d'éboulis pierreux et boisés, et traverse à angle droit des ravins qui sont comme préparés pour les embuscades. Aussi, lorsque la diligence a pu échapper ailleurs aux bandits qui infestent les routes, elle court en général grand risque de ne pas franchir impunément ce dernier pas. A Amozoc enfin la route de *Jalapa* se réunit à celle d'*Orizaba*. — Si l'on a suivi les cotes de hauteur qui, sur la carte, jalonnent ce trajet, on aura remarqué le brusque saut que font ces deux routes pour s'élever subitement des terres basses de la côte sur le plateau. Le profil (1re demi-feuille) en rend, du reste, assez bien compte pour me dispenser d'entrer sur ce point dans de nouveaux détails.

La diligence met 3 ou 4 jours à franchir les cent lieues qui séparent la capitale de son port de mer, mais on pourrait facilement abréger le temps nécessaire à ce trajet en évitant le col si élevé de Rio-Frio, si la route ne devait s'infléchir au sud pour passer à Puebla. En effet, à partir de Tepeyahualco, elle pourrait, sans quitter les plaines, laisser la Malinche au sud et gagner Tlaxcala (ancienne capitale des alliés des Cortès). Puis elle continuerait, toujours sur les plaines, par San-Nicolas, Tezcuco et Los Reyes, ou bien par Teotihuacan, et atteindrait Mexico en passant sur la digue qui sépare le lac de Tezcuco de celui de San Christobal. Par cette voie, on n'aurait que des collines insignifiantes à franchir. Une route établie suivant ce tracé abrégerait le trajet de Vera-Cruz à Mexico, et c'est bien là la ligne que devra suivre le chemin de fer quand les temps seront venus de l'établir.

Autres routes carossables. — Diverses routes partent de la capitale et rayonnent dans tous les sens. L'une conduit droit au Sud, vers les riches districts tempérés de Cuernavaca (nommés terres chaudes de Mexico), où l'on cultive en grand la canne à sucre. A Tlalpam (ou San Augustin de las Cuevas), elle atteint les limites de la vallée, et se bifurque, pour franchir la Sierra par deux cols élevés. L'une des voies conduit à Cuernavaca en passant à gauche des cimes volcaniques d'Ajusco, qui atteignent près de 4000^m d'altitude. Elle redescend dans le vallon élevé de El Guarda, petit village de relai, puis elle franchit encore deux ondulations de la Sierra et s'abaisse enfin par des pentes rapides jusqu'à Cuernavaca. L'autre voie, passant la Sierra plus à l'Est, vient aboutir à Cuautla (ou Morelos[1]).

Ces routes sont loin d'être aussi bonnes dans les parties montagneuses, que celle de Vera-Cruz ; les tournants sont brusques ; la pente beaucoup trop rapide et obstruée de cailloux effrayants. Elles passent sur des montagnes volcaniques, dont le sol est en même temps terreux et rempli de blocs de pierre, en sorte que la voie ne se conserve pas aussi bien que dans les durs rochers du versant oriental. A partir de Cuernavaca, dans la direction d'Acapulco, le chemin est impraticable aux moindres véhicules.

Partant également de Mexico, une grande route passe à Tacubaya, franchit la Sierra au S.-O[2] pour conduire sur le plateau très-élevé de Toluca, et va joindre à l'ouest le Mechoacan, mettant sa capitale, Morelia (ancienne Val-

---

[1] Ainsi nommée en l'honneur de Morelos, l'un des héros de l'Indépendance. Cet homme a donné son nom à plusieurs localités, en particulier à *Morelia*, capitale de Mechoacan, et au village de *Morelos*, situé au bord du plateau au sud de Chalchicomula.

[2] Le col passe à gauche du *Monte de las Cruzes*, renommé par la victoire remportée par les indépendants sur l'armée espagnole.

ladolid), en communication avec Mexico. Mais au delà de Toluca, elle devient affreuse.

Au Nord se dirige la route de Guadalajara, passant par Arroyos-arco, Tula, Queretaro, Guanajuato (ville célèbre par ses mines) et Lagos. De Guadalajara elle se prolonge par Tepic, et arrive au port de San Blas. Une bifurcation conduit de Lagos par Aguas-Calientes à Zacatecas et jusqu'au Fresnillo (autres villes minières de première importance). Cette artère, qui met la capitale en relation avec plusieurs grands centres du Mexique[1] et avec les principales mines, est fort importante, mais elle sort entièrement du cadre de notre carte.

Deux routes divergent au N.-E. conduisant dans la direction de Tampico ; mais elles n'en forment qu'une au début, qui atteint l'extrémité de la vallée de Mexico à Guadalupe, village célèbre par la richesse de son église où siége Notre-Dame de Guadalupe, patronne de la république et auteur d'une infinité de miracles qui continuent toujours.

De Mexico à Guadalupe on a fait jadis une chaussée splendide, ornée avec luxe et bordée d'une quantité de chapelles servant de stations aux pèlerins[2]. Puis la route longe à quelque distance le lac de Tezcuco et passe ensuite entre ce lac et celui de San Christobal, sur une chaussée qui sert en même temps de digue pour arrêter les eaux de ce dernier, toujours menaçantes pour la

---

[1] Queretaro, Guanajuato, Guadalajara, Aguascalientes, Zacatecas, toutes capitales d'Etats.

[2] En 1853, sous la dictature de Santa-Anna, une compagnie de spéculateurs sur l'État s'était fait adjuger cette chaussée sous prétexte d'établir un chemin de fer de Mexico à Tampico ; œuvre impossible pour le moment, mais qui devait servir à masquer pour la forme diverses spéculations dont Santa-Anna était complice. La chaussée était censée devoir servir de premier tronçon. Il va de soi que jamais on n'en a vu un pouce de plus.

capitale [1]. Elle se ramifie ensuite dans diverses directions.
Au N.-E. elle se prolonge vers Teotihuacan (ancienne ville,
célèbre par ses pyramides) et sur Tulancingo où finit le
plateau. Dès qu'on entre dans la Cordillère, où le passage
des voitures ne suffit pas à créer la route, il n'y a plus que
des sentiers affreux par lesquels on peut se rendre à Papantla ou à Tampico.

Dans une direction plus septentrionale s'étend la route
de Pachuca, importante par la masse de lingots d'argent
qu'elle sert à transporter de cette ville minière et du Réal
del Monte, la capitale. Aussi est-elle très-carrossable et
l'une des plus importantes voies du Mexique. Les Anglais
qui dirigent les mines de Réal del Monte l'ont prolongée
jusqu'à Regla, à travers les montagnes, et en ont créé
plusieurs collatérales pour les besoins de cette immense
exploitation.

Toutes les routes dont il vient d'être question sont parcourues par des diligences traînées par un grand nombre
de mules et que des Mexicains seuls savent diriger sur ces
voies que nous serions tentés en Europe de considérer
comme entièrement impraticables[2]. Toutefois, à part celles
des lignes de Guadalaxara et de Vera-Cruz, les diligences
ne poursuivent pas leur trajet bien loin.

Celle de Toluca gagne encore à grand peine Morelia,

---

[1] J'en parlerai à propos du lac de Mexico.

[2] Les diligences sont à cause de cela petites, très-solidement
construites et uniquement suspendues sur de robustes courroies.
Néanmoins on s'étonne toujours de ne pas voir voler les roues en
éclat. Au mépris des obstacles, les postillons les conduisent au tri-
ple galop, et franchissent d'un bond torrents, ornières et blocs de
rochers. Aussi ne peut-on se faire une idée des secousses incessan-
tes qu'endure le voyageur. Il se trouve à chaque instant sur le plan-
cher avant d'avoir eu le temps de se rétablir, menacé de tomber sur
ses compagnons d'infortune ou de les recevoir sur son corps. En
passant la Sierra de Cuernavaca, nous fûmes obligés de mettre
nos mouchoirs dans nos chapeaux pour amortir les chocs lorsque

capitale du Mechoacan, mais ne la dépasse pas. De Toluca un chemin détestable, même pour les mulets, forme
la seule voie de communication avec Acapulco, port principal sur le Pacifique.

Entre Cuernacava et Cuautla, les Américains auxquels
on doit les lignes de diligence avaient essayé d'établir un
service, mais il fallut l'abandonner, les voitures se brisant
sur les mauvais chemins.

Les lignes du N.-O. ne sont parcourues que jusqu'à
Pachuca et à Tulancingo

Si d'ici l'on veut se rendre à Tampico, il faut avoir re-
cours aux méchants sentiers de la Cordillère.

En passant par Pachuca et Real del Monte, on trouve
un chemin qui s'abaisse vers Atotonilco el Grande, et ensuite des sentiers de mulets conduisent par des parois de
rochers des plus agrestes dans la grande barranca de Mextitlan (nommée de San Sébastian dans sa portion supérieure), vallée profonde et chaude où l'on rencontre de
nouveau le climat du tropique, et qui se termine par un
lac de cluse sans issue [1].

Si d'ici l'on veut gagner Tampico, il faut traverser obli-
quement par des sentiers misérables cette série de croupes et de gorges qui forment le système des barrancas.
(Voyez page 154.) Ce voyage, quoique très-pittoresque par
la variété des sites et l'exubérance de la végétation des régions qu'on parcourt, est fatiguant par les innombrables

nous étions lancés au plafond. Dans le seul compartiment où l'on
entasse 9 voyageurs, dont trois ne sont appuyés que sur une large
courroie, on a eu la sage précaution de fixer au plafond de la voiture des cordes, qui servent à se pendre et à se raccrocher lorsque
les cahots deviennent par trop insupportables. Un trajet fait en diligence sur les routes du Mexique peut passer pour l'un des plus
violents exercices de gymnastique forcée auxquels on puisse être
exposé.

[1] Jadis il était déchargé par un tunnel creusé d'ancienne date
par les Indiens.

difficultés de la Sierra Madre, où les sentiers sont affreux
au delà de tout ce qu'on peut imaginer, et surtout par la
nécessité où l'on est de monter et descendre sans cesse
pour franchir les barrancas qui ont une profondeur de
1000 ou 1500 pieds. On rencontre par place d'anciennes
traces de routes pavées, ouvrages des Espagnols ; ou des
surfaces de roc qu'on s'était borné à ciseler, afin de les
rendre moins glissantes aux montées effrayantes qu'esca-
ladaient jadis les animaux de trait. Mais depuis longtemps
ces chemins plus ou moins carrossables, cessant d'être en-
tretenus, ont été détruits par la violence des pluies, et
n'existent plus qu'à titre de vestiges archéologiques. Le
voyageur découvre parfois avec surprise dans les villages
des vallées sans issue de la Cordillère, de vieilles voitures
qui s'y trouvent maintenant enfermées à tout jamais par
la destruction des chemins ; objets d'un aspect ridicule,
dans ces gorges où l'on n'arrive que par des couloirs,
dangereux même pour les mulets, et tristes témoignages
de la décadence actuelle.

Sur tout ce long trajet, qui se fait pour la plus grande
partie dans des forêts épaisses, on ne rencontre que des
hameaux d'indiens et les grands villages de Zacualtipan,
de Huexutla et de Panuco, qui n'offrent pas la moindre
ressource. Le commerce, autant que le voyageur, s'em-
presse donc de profiter de la voie des fleuves. On peut
s'embarquer sur le *Rio de Amajaque* qui, avec le *R. de
Moctezuma*, forme le *R. Grande de San Juan* (ou *de Mexico*),
ou encore choisir son affluent de l'Est qui est navigable
depuis le *Capadero* On descend ainsi jusqu'à Tampico en
trois ou quatre jours, mais il faut six semaines pour la
remonte; aussi la route en sens inverse ne peut-elle se
faire qu'à cheval, et elle est alors excessivement pénible.

Dans toute la partie qui se trouve représentée sur la
feuille 1re, il n'existe pas de route, mais seulement des

sentiers qui gravissent souvent à pic les montagnes ou
qui traversent des forêts, impénétrables en dehors de l'é-
troit passage. Néanmoins les communications sont partout
ouvertes, et malgré l'impénétrabilité des forêts, on trouve
toujours un sentier pour se rendre d'un village à un autre.
Aussi quel que soit le lieu qu'on se propose d'atteindre,
on peut suivre les voies les plus variées en cheminant de
village en village. On peut du reste en dire autant de la
plus grande partie du Mexique et particulièrement du
plateau qui, vu sa nudité, est praticable partout.

Cette rapide esquisse ne peut donner que des notions
fort incomplètes sur la partie du pays que représente la
carte, mais il y aurait tant de choses à dire que j'aurais
été entraîné dans de grands développements si je n'avais
cru devoir me restreindre le plus possible à un simple
aperçu.

Le texte de mon mémoire développera plusieurs points
spéciaux, particulièrement tout ce qui tient aux lacs et
rivières, c'est pourquoi je n'ai fait ici qu'effleurer ce sujet,
accordant plus d'attention aux voies de communication
dont il n'est pas question dans le texte.

Hypsométrie.

Sur la carte j'ai exprimé en mètres toutes les cotes de
hauteur, cette mesure étant la plus commode et la plus
répandue. La réduction continuelle qu'il a fallu faire de
pieds anglais, mexicains, français, de toises et de vares
mexicaines au système métrique, a nécessairement un peu
changé les hauteurs en y introduisant de légères inexac-
titudes ; mais ceci n'est d'aucune importance, car les altitudes ne sont pas encore déterminées d'une manière as
sez rigoureuse pour que des différences de ce genre modifient en rien leur degré d'exactitude.

La réduction des pieds mexicains en mètres n'est point aussi simple qu'elle en a l'air, car le rapport entre ces deux mesures n'est pas encore bien établi. On admet, d'après Henning, que le pied espagnol ou mexicain $= \frac{1}{3}$ de vare $= 0^m,28265$. Mais Heller montre, au moyen d'une note de l'astronome Julius Schmidt, que l'emploi de cette fraction conduit à des résultats trop élevés, et que l'on peut déduire un meilleur chiffre de réduction des altitudes calculées en vares mexicaines et en pieds anglais, en le corroborant des calculs du général Orbegozo.

Le Dr J. Schmidt montre ainsi que : 1 vara $=2,9995$ pieds castillans $= 2,57296$ pieds Par. $= 0,8358$ m. Mais s'il s'agit des altitudes calculées par le comte de La Cortina, lequel a pris la vare comme $= 3$ pieds mexicains, il est plus exact d'admettre que: une vare $= 2,573296$ pieds de Paris $= 3$ pieds mexicains[1].

Bref, un pied mexicain étant, suivant La Cortina, $= 0,857764$ pieds de Paris, et 1 pied de Paris $= 0^m,32484$, il en résulte que : 1 pied mexicain $= 0^m,27863605776$, dont le log. $= \overline{1},4450382$.

Cependant, comme les hauteurs barométriques qui ont été prises jusqu'à ce jour donnent des chiffres très divergents pour presque tous les po nts, on en est encore réduit à des approximations, en sorte qu'il est bien suffisant de prendre pour fraction de réduction le chiffre de 0,2786, si l'on n'opère pas par les logarithmes, attendu que sur une altitude de 16000 pieds mexicains, la différence ne serait pas de 6 décimètres. D'aussi faibles erreurs sont pour nous d'autant plus insignifiantes que nous avons souvent employé des nombres ronds pour les cotes de la carte, l'exactitude à 3 ou 4 mètres près n'ayant aucune

1 Voyez à ce sujet l'intéressante dissertation de l'astronome Julius Schmidt, insérée dans le mémoire de Heller (Petermann's Mittheil. 1857, p. 370).

importance, puisque le niveau du sol des villages dépasse le plus souvent ces limites dans ses variations [1].

La connaissance des altitudes a fait depuis quelques années des progrès réels au Mexique, mais malheureusement seulement pour les provinces les plus peuplées et les plus parcourues. Outre les beaux travaux de Humboldt, on possède maintenant les nivellements barométriques suivants.

Ceux du général J. Orbegozo exécutés dans son exploration de l'isthme de Tehuantepec, par ordre du gouvernement mexicain. (Boletin del Intit. Nacion. de Géografia y Estadistica de la Républ. mexicana. Mexico. N° 1 de Marzo, 1839 [2]. p. 54. 1850.)

Les nombreuses altitudes recueillies par le comte de la Courtine (Gomez de la Cortina) et publiées dans la même brochure [3] ainsi que quelques autres publiées dans le N° 9 de 1850, auxquelles il faut ajouter quelques chiffres de Glennie, et une série d'autres recueillies par Vélasquez de Léon [4].

Les données d'Alberto Pesado, que je ne connais que par le travail de Heller.

[1] Du reste, les déductions de J. Schmidt, ayant pour base des mesures barométriques qui elles-mêmes ne sont pas précises, ne peuvent pas non plus donner un résultat parfaitement exact.

[2] Il existe plusieurs livraisons qui portent la même date, car on a publié d'un coup les archives de plusieurs années en arrière, et au lieu d'en former un volume, on en a fait autant de cahiers avec pagination spéciale et sans numéros d'ordre, ce qui donne lieu à confusion.

[3] La collection de ces altitudes est due aux observateurs suivants : Gal Orbegozo, A. Franklin Morney, Ed. Harkort, Cel J.-M. Bustamente, Cel J.-G. de la Cortina, Gal J.-Ign. Iberri, Seb. Blanco, Capt. de frégate F. Mascaro.

[4] Elles sont dues : à Bustamente, au capt. anglais Beechey, au brigad. Miguel Constanzo, au lieut.-col. Seb. Blanco, au capt. de vaisseau D.-F. Lanzara, à J.-J. Ferrer, commandant de la marine, et à Velazquez de Léon.

Ce dernier, après avoir reproduit la liste de la plupart des mensurations contenues dans ces travaux, donne encore bon nombre d'altitudes, déterminées par lui dans la Cordillère d'Orizaba.

Quelques autres voyageurs ont mesuré d'autres points; je citerai en particulier Burkart, qui fixe l'altitude du Nevado de Toluca à 15260 pieds anglais, soit 105 de plus que Humboldt. Pieschel assigne à la *Fundicion* près Chalchicomula, une hauteur de 7650 pieds. Heller présume que ce devaient être des pieds anglais, ce qui réduirait l'altitude de ce point à 7178 pieds de Paris ou à 2331 mètres. Mais il en résulterait que la Fundicion, quoique située dans une gorge de montagnes, serait placée plus bas que les plaines de la *Preciosa* et de *Tepetitlan*, qui dépassent 2400 mètres. Ceci n'est pas possible, attendu que son torrent coule vers ces plaines et va se perdre dans celles de Tepetitlan (2457 m.), au pied des *Derrumbadas*. Si l'indication de Pieschel est au contraire comptée en pieds de Paris, elle place la Fundicion à 2485 mètres au-dessus du niveau de la mer, soit à 28 mètres au-dessus des plaines, ce qui coïncide bien avec la direction des eaux [1].

Les travaux considérables d'hypsométrie qui ont été exécutés par M. Almazan pour l'établissement de sa carte de Puebla, forment l'un des plus importants documents de ce genre. Mais il est à craindre que les nombreuses mesures prises en courant ne soient pas aussi exactes qu'on pourrait le désirer, et comme j'ai toujours été frappé de l'élévation de ces chiffres d'altitude, je ne puis douter qu'il ne se soit introduit un peu d'air dans son baromètre.

[1] Toutefois il est à remarquer que plusieurs des hauteurs du plateau sont probablement estimées trop haut, en sorte que le chiffre de Pieschel pourrait peut-être se trouver exact en pieds anglais. Son indication de l'altitude du Pic d'Orizaba paraît bien être faite en pieds anglais.

A ces documents j'ai ajouté les nivellements barométriques de M. Craveri, inédits pour la plupart.

Quoique je fusse parti avec les instruments nécessaires pour les observations physiques les plus courantes, il ne m'a pas été possible de les poursuivre bien loin. J'ai dit ailleurs l'espèce d'impossibilité où l'on est de transporter un baromètre dans ces voyages exécutés a cheval et troublés par mille épisodes imprévus. Celui-là seul qui habite une ville à poste fixe, et qui part de ce point central pour faire des excursions topographiques,jen sacrifiant tout à ce but, pourrait au besoin sauver son baromètre, et encore n'est-il jamais bien sûr qu'il ne s'y soit pas introduit une cause d'erreur après quelques journées passées à cheval. Mon but ayant été de faire le plus de chemin possible, et la direction de mes études étant surtout portée vers d'autres objets, mon baromètre a succombé peu de temps après mon arrivée sur le plateau, en sorte que mes mesures ne portent que sur l'ascension de la Cordillère et sur le district du plateau environnant le pic d'Orizaba, c'est-à-dire malheureusement, sur la portion la mieux connue du Mexique.

En me servant de tous les matériaux qui étaient à ma portée, j'ai cherché autant que possible là [prendre pour chaque localité de bonnes moyennes entre les chiffres fournis par les diverses sources. Les chiffres moyens sont ici d'autant plus indispensables que tous les calculs qui, jusqu'à présent, ont été faits pour déterminer les altitudes du Mexique, contiennent d'assez notables chances d'erreur. En effet, les hauteurs sont presque toutes calculées sur les moyennes de la Vera-Cruz, et sans aucune observation correspondante, et il n'est que bien peu de ces mesures qui n'aient pas été prises en courant, ou, pour le moins, calculées sur les observations d'un jour ou de fort peu de jours consécutifs, au lieu de l'être sur une série d'observations, comme il eût été désirable. Il est fort douteux aussi que les instruments aient toujours été en parfait état.

Ces chances ne se confirment que trop par les grandes divergences qui règnent entre les résultats obtenus par divers voyageurs. Les chiffres auxquels on est obligé de s'arrêter sont donc encore assez éloignés de l'exactitude, mais il est vrai que cela n'est pas de grande importance, au point de vue général, puisque les erreurs possibles oscillent entre des limites qui ne changeraient en rien le caractère orographique du pays.

Donner ici tous les termes qui m'ont servi à déduire les moyennes, produirait d'une manière fort inutile un grand entassement de chiffres. Je ne citerai donc que quelques mesures comparatives qui reçoivent un véritable intérêt par l'incertitude qui plane encore sur celle des cimes qui doit être considérée comme la plus élevée du Mexique.

Suivant Humboldt, le Popocatepetl serait plus élevé que le Citlaltepetl d'environ 54 toises. Mais les mesures barométriques prises sur ces deux montagnes depuis le passage de l'illustre voyageur, semblent infirmer ce rapport, et font supposer que les deux montagnes atteignent une hauteur sensiblement égale, si même le Citlaltepetl n'a pas droit à la préséance.

Popocatepetl.

Heller calcule ainsi que suit la moyenne probable de l'altitude du Popocatepetl :

a) Humboldt, mensuration trigonomét. à Tetimba : 2771   = 4.
b) Glennie, mens. barom. du 17 avril 1827, Pieschel: 2796,8 = 2.
c) Birckbeck, mesure du 10 novembre 1827 : 2750   = 2.
d) Gerolt, mesure du 29 avril 1834: .... 2805,2 = 2.
e) Deux Français, mesure du 27 février 1851 : .... 2741,9 = 1.

En accordant à ces nombres une valeur proportionnelle aux chiffres indiqués à la suite, il donne au Popocatepetl une altitude moyenne de 2775 T $=$ 16,650 pieds de Paris $=$ 5408 mètres.

A ces mesures on doit ajouter, pour obtenir une meilleure moyenne, celle de Laverrière (1857) qui est de 5425 mètres, ce qui (en donnant à son observation une valeur $=$ 2) doit faire introduire une correction de 3 mètres en plus, soit :

Hauteur du Popocatepetl $=$ 5411 m.

Toutefois, Heller, en accordant une valeur relative aux mesures des divers voyageurs, use d'un certain arbitraire qui peut aussi bien éloigner son résultat de la vérité que l'en rapprocher; car il n'est point dit que les mensurations de Humboldt méritent plus de confiance que celles des autres. Son baromètre était nécessairement moins parfait que celui des voyageurs subséquents, et ses altitudes ne sont pour la plupart aussi que des approximations calculées sur les moyennes de Vera-Cruz, sans observation correspondante, et probablement trop fortes dans la plupart des cas[1].

En accordant à chacune des sources une valeur égale, on obtient pour moyenne :

Hauteur du Popocatepetl $=$ 5408 mètres[2].

[1] Suivant des renseignements positifs pris auprès de Don Francisco Faguaga qui accompagna Humboldt dans ses excursions, surtout autour de la Capitale, celui-ci avait pour tout instrument un tube barométrique droit qu'il remplissait simplement de mercure à la température ordinaire chaque fois qu'il voulait faire une observation. Il est du reste probable que, pour voyager, cet instrument n'était pas plus imparfait que les baromètres ordinaires qu'on possédait de son temps et qui ne pouvaient se conserver en voyage. Mais on comprend d'après cela que ses altitudes doivent toujours être trop fortes. — On ne saurait mettre en doute la bonne foi de Fr. Faguaga, homme distingué, d'une position indépendante et qui portait aux sciences un vif intérêt.

[2] Précisément la hauteur obtenue par Heller en suivant sa méthode. et sans y faire rentrer la mensuration de Laverrière

Dans les calculs qui précèdent, nous avons omis la mensuration de Craveri, faite à son ascension du 11 septembre 1855, et qui n'a donné pour résultat qu'une altitude de : 5252 m.

Bord du cratère 5181,64
Estimation de la hauteur du sommet qui le dépasse . . 50
Correction pour l'orage qui venait d'éclater 20

Hauteur 5251,64

D'où : moyenne générale = 5382 mètres.

Heller rejette la mesure de Craveri comme inexacte, vu la différence qu'elle offre avec les autres. Cette méthode prète le flanc à objection, attendu que le chiffre de Craveri ne s'écarte guère plus de celui des deux Français que ce dernier de celui de Glennie. D'ailleurs le chiffre de Craveri étant de beaucoup le plus inférieur, il suggère naturellement la réflexion que les erreurs barométriques sont presque toujours en *plus*, surtout dans les voyages où les instruments se détériorent. Les chiffres en *moins* ne doivent donc pas être rejetés à la légère [1].

[1] Je ne puis m'empêcher d'ajouter à ce sujet que la mesure de l'altitude de Mexico par Craveri a aussi donné un résultat comparativement faible (40 m. de moins que celui de Humboldt). Or, ceci ne saurait point s'expliquer par l'état de l'instrument, car il est évident que le baromètre le plus parfait, c'est-à-dire celui chez lequel le vide de Toricelli contiendra la plus faible quantité d'air, sera celui où la colonne mercurielle se maintiendra le plus élevée et qui, par conséquent, donnera les altitudes moindres. Ayant été présent à Mexico aux préparatifs de M. Craveri, j'ai vu avec quel soin il s'est assuré de l'excellence de son instrument par une longue comparaison avec d'autres baromètres, avant son départ pour l'expédition du Popocatepetl. Ayant également eu à ma disposition toutes ses notes de calculs, et n'y ayant trouvé aucune erreur, j'ai beaucoup de peine à m'expliquer la divergence de son résultat avec celui des autres voyageurs, sans admettre que tous avaient laissé pénétrer dans leurs baromètres une certaine quantité d'air.

Le fait est que les chiffres d'altitude dus à Craveri pour beaucoup d'autres points encore du Mexique, aussi bien que les chiffres d'altitude dus à Boussingault pour l'Amérique du Sud, donnent tous,

Comme l'observation barométrique a été faite pendant un orage, le baromètre subissait sans doute une grande chute à ce moment, chute qui n'est peut-être pas suffisamment compensée par les 20 mètres de correction qu'ajoute le voyageur. On peut aussi supposer que le dôme terminal de la montagne n'a pas été estimé assez haut. Enfin on a pris d'après les observations consignées page 142, pour Vera-Cruz :

$B = 762,30$; $T = 25,50$ et $t = 25,00$, tandis que Humboldt et probablement tous les autres observateurs ont admis :

$B = 763,15$; $T = 25,3$ et $t = 25,3$, ce qui donnerait une différence en $+$ de 19 m. Ces raisons aidant, j'admets que la mesure de Craveri donne au Popocatepetl une altitude $= 5300$ m.

Suivant Laverrière, le Pico de Fraile[1], rocher situé sur

comparés à ceux de Humboldt, une différence en *moins*, ce qui semble bien indiquer que les altitudes de Humboldt sont trop fortes. A vrai dire, il n'y a pas lieu de s'en étonner, puisqu'à l'époque où voyageait cet illustre savant, on n'avait point encore inventé les perfectionnements qui ont tant ajouté à l'exactitude des baromètres portatifs. On voit, du reste, assez par la note de la page 181, ce qu'il faut penser du baromètre de Humboldt. — Une présomption à l'appui de ce qui précède se trouve encore dans le fait que la mesure trigonométrique de l'Orizaba, exécutée par Humboldt à Jalapa, diffère de 50-80 toises *en moins*, de toutes les mesures barométriques, et encore a-t-il probablement admis pour sa station une trop forte altitude (puisqu'elle est relevée au baromètre). Je ne suis donc pas éloigné de croire que tous les baromètres, à l'exclusion de celui de M. Craveri, contenaient une certaine quantité d'air, et on ne saurait s'en étonner.

[1] Ou *Pic du moine*. Ce rocher est célèbre, parce que c'est à ce point que s'est arrêté le baron de Humboldt dans l'ascension qu'il a tentée. Ce nom a été donné à plusieurs rochers des montagnes du Mexique, probablement en comparant leur forme à celle du capuchon d'un froc. On désigne ainsi le rocher le plus culminant du Nevado de Toluca ; il est un Cerro del Fraile dans le Durango, etc. Le nom d'*Espinazo del Diablo* (épine, escarpement du diable), qu'on applique surtout à des aiguilles à pic, est aussi fort employé. Il a

la face S.-S.-E. du Popocatepetl, aurait 5050^m et l'Espinazo del Diablo, autre rocher à pic au nord, atteindrait 5240 ^m. Le fond du cratère serait à 5119 ^m.

Citlaltepetl.

Heller déduit la moyenne de hauteur de cette montagne des mesures suivantes (comptées en toises) :

a) Humboldt, mesure trigon, exécutée à Jalapa.... 2717 = 4
b) Reynold et Meynard, 1848 (17819 p. angl.)..... 2786 = 2
c) Ferrer (ancienne indication 5453 ^m)............. 2797 = 2
d) Doignon, 1851 (18328 p. anglais)............. 2866 = 1

Hauteur du Citlaltepetl = 5393 mètres [1].

Récemment le baron Müller et M. Sontag ont trouvé pour hauteur absolue et par une mesure trigonométrique exécutée à Orizaba, la somme de 5527^m, ce qui ferait de ce volcan la plus haute montagne du Mexique [2].

Ce terme ajoute à la moyenne une correction d'environ 12^m et l'élève à 5405^m.

D'après ces moyennes, le Pic d'Orizaba reste donc encore de quelques mètres inférieur au Popocatepetl. Mais

---

été donné à une montagne située entre Tasco et le port de Signatancjo sur le Pacifique. En Sinaloa, près de Culhacan, on rencontre aussi un *Espinazo del Diablo*, et on en mentionne dans d'autres localités encore.

[1] Dans ce calcul est négligée l'indication de Pieschel, qui est de 17,373 pieds, que Heller croit être des pieds anglais, ce qui viendrait à l'appui des calculs de Humboldt. Si ce sont des pieds de Paris, cette mesure serait = 5643 ^m et dépasserait encore de 58 mètres celle de Doignon, ce qui n'est guère admissible.

[2] Ce chiffre étant encore inférieur de 58 mètres à celui qui a été calculé sur les observations de Doignon, il n'a rien d'absolument impossible. Toutefois il est bon de noter que Doignon, qui fut le premier à escalader le Pic d'Orizaba, n'était qu'un simple artisan qui n'avait pas l'habitude de se servir des instruments, ce qui peut inspirer des doutes relativement à l'exactitude de sa mensuration. Les conclusions qu'on tire des moyennes sont contraires à ce chiffre élevé.

en accordant à toutes les mensurations une valeur égale,
on obtient :

Hauteur moyenne du Citlaltepell $= 5457^m$,
soit 50 à 150 mètres de plus que pour le Popocatepetl,
(mais le Pic d'Orizaba est probablement lui aussi estimé
trop haut, pour les raisons développées page 182.)

Cette question n'a, du reste, qu'un intérêt de curiosité,
car pour le géographe comme pour le géologue, les deux
plus hautes cimes de l'Amérique septentrionale s'élèvent
à la même altitude ; particularité bien frappante pour des
montagnes aussi colossales.

Je donnerai encore ici l'altitude de Cordova, parce
qu'elle est calculée sur une longue série d'observations
barométriques poursuivies pendant cinq années consé-
cutives par M. Nieto[1], et qu'elle approche donc probablement assez exactement de la vérité. L'altitude ainsi obtenue est de 890 ^{m}. (Voyez la note IV, page 140.)

Documents.

Dans l'origine je comptais me borner à dresser des croquis topographiques destinés à accompagner mes mémoires ou la relation de mon voyage, et j'avais disposé d'a-
vance des feuilles grossies d'après la carte de la Nouvelle-Espagne de Humboldt afin d'en compléter quelques
parties par mes propres observations. La structure très-
simple et très-facile du plateau permet de porter sans
difficulté la plupart des montagnes sur une feuille de ce
genre, dont les points principaux sont bien déterminés.
Dans ces plaines on réussit facilement à fixer au moyen
du sextant la position de celles des hauteurs que l'on
aperçoit à un horizon peu éloigné. Malheureusement bon

[1] Mais malheureusement sur des observations trop courtes faites
à Vera-Cruz.

nombre de ces montagnes n'ont pas de nom, où n'en
portent qu'un inconnu aux Indiens que l'on rencontre,
en sorte qu'il n'est pas toujours possible de les désigner.

Le versant de la Cordillère est beaucoup plus difficile
à cause de la complication de ses formes déchirées, de la
multiplicité des vallées, et surtout aussi à cause de l'ab
sence de points bien déterminés géographiquement, si
l'on excepte Orizaba et Jalapa. Aussi règne-t-il encore
beaucoup d'incertitude sur la configuration de cette région.

Après avoir séjourné quelque temps au Mexique, je
m'aperçus qu'il existait déjà dans le pays nombre de
matériaux géographiques et je fis de mon mieux pour
m'en procurer le plus possible. J'entrevis alors la possi-
bilité de dresser, non plus un croquis, mais une véritable
carte de certaines parties du Mexique. Plusieurs personnes qui avaient voyagé voulurent bien me communiquer
leurs itinéraires, leurs croquis, qui, quoique fort divergents entre eux, n'en étaient pas moins de précieux matériaux. L'ingénieur Madrozo eut l'obligeance de me prêter divers croquis de la Cordillère; et M. Massot de Lafond
me laissa également compulser les matériaux sur les provinces du nord, qu'il était sur le point de livrer au ministère du Fomento. Ayant eu le bonheur d'entrer en relation avec le licencié don Pascal Almazan, j'obtins de lui
communication des beaux matériaux préparés pour sa
carte de Puebla, dont plus tard il voulut bien me faire
hommage.

Désireux de compléter mes renseignements, j'espérais
en arrivant à Mexico pouvoir prendre connaissance du
dépôt du ministère du Fomento. Mais M. Velasquez de
Léon qui, sous la dictature de Santa-Anna, cumulait alors
le ministère avec plusieurs autres charges, se montra
singulièrement difficile à cet égard, malgré les meilleures

recommandations officielles dont j'étais porteur. Il me fit
exhiber quelques croquis qui m'étaient en partie déjà
connus et sur lesquels on me permit à peine de prendre
des notes. J'appris ensuite que M. Velazquez de Léon pu-
bliait dans les Annales du Fomento les levés exécutés
par divers ingénieurs qui étaient aussi chargés de dresser
la statistique des provinces, et je compris ses légitimes
ombrages. Mais lorsque six mois après, je revins à Mexico,
au retour d'un voyage au Jorullo, le gouvernement était
en fuite. Les formidables gaspillages auxquels, durant
sa longue dictature[1], Santa-Anna n'avait cessé de prêter
la main, au profit de son avarice, avaient mis le trésor à
sec, au point que l'armée n'était plus payée depuis longtemps. Il avait donc fallu décamper pour éviter une catastrophe, et le ministère lui-même avait pris le large.

Ce fâcheux incident qui venait mettre un terme pré-
maturé aux publications de M. Velazquez de Léon[2], me
fut très-utile. Au milieu d'une sorte d'anarchie paisible
qui se prolongea assez longtemps, je m'installai au ministère, où la bienveillance la plus aimable avait remplacé
la roideur des jours passés. J'employai donc tout le temps
dont je pouvais disposer d'ailleurs à travailler au Fomento

---

[1] Elle ne dura pas deux ans, mais au Mexique, un an de prési-
dence est déjà beaucoup. Le président est nommé pour quatre ans
et depuis quarante ans que la république du Mexique existe, il y a
eu plus de cinquante présidents.

[2] En cette occasion, les ministres, pour ne pas renoncer à la position dont ils jouissaient sous Santa-Anna, et se flattant du vain es-
poir d'un retour de l'étoile de ce dernier, ne donnèrent pas leur
démission, mais s'accordèrent à eux-mêmes un simple congé de
deux ans. Et il fut des gens pour prétendre que ces messieurs s'é-
taient payé d'avance leur temps de congé, ce qui est du reste douteux, vu le marasme des finances mexicaines. Il est de fait que le
gouvernement *régénérateur* qui succéda au gouvernement, dit *répa-
rateur*, de Santa-Anna, ne trouva pas un liard dans les caisses de
l'État.

et j'y recueilis quelques bons matériaux[1]. Néanmoins ce
que j'en rapportai n'était encore que médiocrement satis-
faisant ; car la plupart des travaux topographiques que je
pus consulter n'étaient que des croquis exécutés en courant et se trouvaient donc assez rudimentaires. Il faut
cependant faire une louable exception en faveur de quelques excellents travaux, en particulier de la carte de
Puebla, de M. l'avocat Almazan, déjà mentionnée, et de
celle de Mexico par Thomas Ramon del Moral, colonel du
génie[2], mais qui, fort complète au point de vue des localités, est malheureusement assez incomplète pour tout ce
qui concerne l'orographie.

Je ne me doutais pas en me livrant à ces travaux assidus du sort qui les attendait. Une partie de mes notes
fut presque détruite, ainsi que plusieurs numéros du bulletin de géographie de Mexico, par un flacon d'acide sul-
furique, introduit par mégarde dans une caisse que j'en-
voyais à Vera-Cruz. Mais le reste subsista et je re-
trouvai plusieurs des documents perdus, dans le Bulletin
de géographie et les Annales du Fomento, où ils ont été
publiés. Enfin dans l'atlas mexicain qui a paru récemment[3], j'ai trouvé quelques-uns des croquis des Etats du
Nord dont j'avais le calque avant leur publication ; néanmoins, cet atlas m'a permis de compléter plusieurs points.

En parlant des matériaux qui m'ont servi pour l'établissement de ma carte, je ne dois pas passer sous silence
le beau travail de Heller[4], botaniste allemand, sur la Cordillère d'Orizaba. Je le crois fort exact, car il concorde
bien avec les croquis en grand que je possède de cette
région. J'ai donc adopté pour cette partie la jolie petite

---

[1] Je dus beaucoup à l'obligeance de M. Lerdo de Tejada, alors
ministre par intérim, et économiste distingué du Mexique.

[2] Aidé, m'a-t-on dit, par des ingénieurs allemands?

[3] M. Sallé, de Paris, a bien voulu m'en donner communication.

[4] Petermann's Mittheilungen, 1857.

carte que ce savant a publiée, sauf quelques légères modifications pour ce qui concerne le pic d'Orizaba. En effet
cet auteur, qui paraît n'avoir pas vu la face ouest du volcan, a cru devoir considérer la Sierra-Negra comme la
continuation de l'arête de rochers qui dessine à l'est l'ancien cratère. Il n'en est rien : la *Sierra-Negra* est un grand
volcan jumeau du *Citlaltepetl*, par conséquent une montagne aussi nettement dessinée que le cône de ce dernier,
avec cratère tourné au sud-sud-ouest. Toutefois il est évident que ce second cône est bien assis sur le bord de
l'ancien cratère. Afin de mieux faire comprendre la forme
et la position relative de ces deux cônes, j'ai ajouté en
marge de la carte une vue qui les représente tels qu'on
les voit de la plaine d'Iztapa.

Le plan des environs de Réal del Monte a été levé avec
exactitude par les ingénieurs anglais préposés à l'exploitation des vastes mines de ce district, sous la direction de
M. Buchan[1]. On y trouve d'utiles renseignements et,
quoique le mémoire qui l'accompagne soit surtout établi
au point de vue du mineur, il n'est pas dénué d'intérêt
pour le géographe.

Le littoral du golfe n'est pas encore parfaitement bien
connu. Cependant le levé de la baie de Vera-Cruz, exécuté
par les officiers de la flotte française en 1838, donne avec
exactitude cette partie de la côte. Le ministère de la marine française a aussi publié une carte marine du golfe,
mais qui est plutôt établie au point de vue des sondages
qu'à celui de la configuration des côtes et qui n'est pas
d'une grande utilité pour la géographie du continent.

La carte que j'offre au public, dressée d'après tous ces
matériaux anciens et récents, complétée par mes propres

---

[1] The Real del Monte mining company, Mexico. — Report of
the director John Buchan, Esq. *March*. 1855.

observations, est sans doute loin d'être un travail parfait,
mais elle est néanmoins supérieure à ce que l'on a pos-
sédé jusqu'ici.

La partie qui concerne le plateau est d'une assez grande
exactitude pour permettre de se diriger dans cette contrée.
La feuille deuxième est même assez exacte dans toutes ses parties; mais la feuille première, représentant des
régions montagneuses couvertes de forêts impénétrables
et sillonnées de cours d'eau tortueux, laisse beaucoup à
désirer. Toute la portion qui sur cette demi-feuille représente la zone côtière et la chute du plateau est trop peu
précise pour qu'on n'ait dû lui conserver autant que possible la forme de croquis. Il faudra bien des années encore avant que ce labyrinthe de ravins, de gorges, de ruisseaux et de rivières soit relevé avec une exactitude satisfaisante. En descendant les cours d'eau en canot, on est
frappé des innombrables sinuosités de leur cours, sinuosités qui résultent moins d'un manque de pente que de la
présence de nombreuses collines qui les font dériver. Les
itinéraires relevés sur ces rivières mêmes, en y naviguant
dans une embarcation, dont la marche varie à chaque
instant suivant les accidents de terrain et les caprices du
courant, ne peuvent fournir que des données éloignées
de la vérité, qui satisfont bien momentanément les besoins de la curiosité sur des régions inconnues, mais qui,
au point où l'on a poussé la topographie de nos jours, ne
peuvent que servir de données provisoires.

Comme ma carte est surtout établie dans un but scientifique, je n'ai pas cru devoir la charger des divisions politiques du pays. Ces divisions auraient nui à la netteté du
dessin. Leur utilité eût été d'autant moindre qu'elles se
transforment de temps en temps, grâce à la tendance
qu'ont les provinces ou Etats à se morceler, tendance qui
a déjà amené de nombreuses modifications à l'ordre primi-

tif. Du reste ces divisions n'ont pas grande importance dans un pays qui n'a d'une fédération que le nom. En effet, malgré ses professions de foi républicaines, le Mexique est resté tellement imbu de l'esprit monarchique, que les provinces situées à portée de la métropole en subissent la loi ; le pays est à vrai dire devenu de fait un pays unitaire, sans préjudice des morceaux de territoire que tel ou tel chef sépare momentanément du tout au profit de son ambition ou de ses spéculations personnelles. Ces séparations, en se multipliant dans ces dernières années, ont fini par créer un morcellement plus ou moins durable du Mexique. L'Etat de Guerrero[1], par exemple, a longtemps été et est encore de fait un Etat indépendant, obéissant exclusivement au général Alvarez. Enfin dans l'état d'anarchie où ce pays vit depuis l'époque de son indépendance, les divisions reconnues et portées sur les cartes ne sont presque plus que lettre morte ; car, de fait, le pays se partage selon les hasards de la guerre civile permanente, et chaque ville obéit au chef qui la domine

[1] Le Guerrero, État du Sud, ayant pour capitale Acapulco, a reçu le nom du chef Guerrero, l'un des héros de l'indépendance, fusillé plus tard par les Mexicains, comme du reste plusieurs autres de ses collègues. Il règne dans cette province une maladie singulière, sorte de lèpre innocente, qui couvre la peau de taches de toute couleur. On donne à cause de cela le nom de *pintos* aux habitants du Guerrero. Alvarez est lui-même un *pinto*. Il a si bien gagné la confiance des gens de cet État qu'il y règne sans partage et qu'il a réussi à établir une sorte de tyrannie patriarcale. Depuis nombre d'années, le Guerrero forme une royauté indépendante, amie du parti libéral de Mexico. Tous les efforts de Santa-Anna se sont brisés contre Alvarez, les armées du plateau envoyées contre lui ayant toujours été anéanties par les fièvres. Depuis lors personne n'a inquiété le roi des pintos. On le tolère, et de son côté il ne s'inquiète guère des autres, à condition qu'on ne se mêle pas de ses affaires. C'est le seul chef mexicain qui ait jamais réussi à se créer une position durable ; néanmoins, malgré la sécurité dont il jouit, il confie rarement sa personne à une chaise sans s'être préalablement assuré qu'elle ne couvre pas une machine infernale.

de près ou de loin, plutôt qu'au centre de l'État dont
elle fait partie. Comme cette anarchie dure avec plus ou
moins d'intensité depuis trente ans, il faut bien l'accepter
comme étant l'état normal de cette parcelle de l'écorce
terrestre.

Ces détails suffiront pour montrer le peu d'utilité pratique que l'on peut retirer de la connaissance des divisions politiques du Mexique qui, en réalité, sont plutôt
théoriques qu'autre chose.

Ceux des lecteurs qui désireront en prendre connais
sance les trouveront sur toutes les cartes du commerce,
où on les met en général fort en évidence au détriment des
détails géographiques proprement dits.

Rectifications.

Pape 38, ligne 4ᵉ : Cette grêle fut si abondante que trois jours après sa chute on en découvrait encore des restes en certains endroits à l'ombre. Ce fait s'explique par la force du rayonnement de la chaleur sur le plateau de l'Anahuac, qui crée quelquefois une différence de 40 degrés entre l'ombre et le soleil. — Les chutes de grêle sont fréquentes en été dans la vallée de Mexico : on en observe 5 ou 6 par saison. Quelquefois même la grêle est si complétement sèche, qu'elle fait voler la poussière du sol au lieu de l'abattre.

Page 68, ligne 14ᵉ, au lieu de : *Maltrata*, lisez : *Aculcingo*.

Page 69, ligne 7ᵉ, même correction.

Page 151, ligne 2ᵉ et 3ᵉ, au lieu de : *Ana-huatl*, lisez : *Anal-huatl*.

Le mot aztéque *anal* signifie : au delà d'une rivière ou de la mer ; *analli,* sur le bord d'une rivière ou de la mer. — *huatl* signifie eau. Ainsi *anahuatl* pourrait bien vouloir dire : au delà de la mer, ou : le pays où l'on arrive par mer, et par conséquent s'appliquer à la partie étroite du Mexique.

Page 143 : *Sur les tremblements de terre.* [1] M. Fr. Serment a bien voulu nous donner les renseignements suivants sur de récentes commotions du sol qui ont mis en émoi la ville de Mexico par la violence de leurs secousses. Ces événements se sont multipliés dans ce siècle; néanmoins ils ne sont pas à comparer avec ceux qui ont ravagé diverses villes de l'Amérique du Sud et de l'Amérique centrale.

En 1839, un de ces phénomènes renversa plusieurs maisons.

Le 12 avril 1845 une violente secousse fit tomber le dôme de l'église de Sᵉ Thérèse et maltraita un grand nombre de maisons de la capitale. Les murs du couvent de San Francisco furent déchirés ;

[1] Au lieu de : 5, lisez : 6.

il s'y forma des lézardes où l'on pouvait passer le bras, et pendant longtemps ces murs durent être étayés. Le sol de la grande place de Mexico s'entrouvit, et on fut obligé d'interdire la circulation des voitures pendant deux mois, afin d'abattre ou d'étayer les édifices chancelants. Le sol instable sur lequel repose la ville, contribua sans doute à l'augmentation des dommages, mais les secousses furent assez fortes pour que les voitures roulassent hors des remises, et que les portes des appartements battissent violemment.

Enfin, en juin 1858, il y eut un tremblement de terre qui dura deux minutes, qui renversa à peu près tout l'hôtel d'Iturbide et lézarda nombre d'autres maisons. Il fallut aussi interdire pendant longtemps la circulation des voitures à la suite de cette catastrophe.

On a remarqué que dans tous les tremblements de terre les secousses sont surtout violentes à l'extrémité de la ville qui avoisine la porte Sant Lazare, ce qui confirmerait l'opinion de Humboldt que le rocher du *Peñon de los Baños*, situé dans cette direction, est le reste d'un ancien volcan.

La terreur qu'inspirèrent ces phénomènes expulsa les habitants de leurs maisons, et une grande partie de la haute bourgeoisie alla camper dans des cabanes en nattes que l'on se hâta d'élever sur les promenades publiques.

Page 153, ligne 18e. *Las Vigas.* — Le relèvement du sol au bord du plateau paraît très-faible sur le profil. Il est, en effet, peu sensible à Las Vigas, c'est pourquoi on a conduit la route par ce point. Il est beaucoup plus prononcé ailleurs, surtout entre le Coffre de Pérote et le pic d'Orizaba où il forme une chaîne de montagnes élevée. (Voyez la carte.)

Sur la carte, l'altitude de Mexico est indiquée comme étant de 2280 mètres ; c'est par erreur, au lieu de 2250 ; ce qui fixerait le niveau des eaux du lac de Tezcoco à 2245 m. ou plutôt à 2248 m. Le niveau du lac de San Christobal serait ainsi fixé à 2253 et celui du lac de Zumpango à 2255.

ERRATA POUR LA CARTE.

Voici quelques fautes dont il est bon de prendre note. Dans le nombre il en est de fort légères qu'il eût été facile de faire disparaître, mais elles n'ont été remarquées qu'après l'impression. D'autres étaient difficiles à corriger; la retouche aurait pu nuire à la gravure et j'ai préféré y renoncer.

Première demi-feuille.

1º *Entre le premier demi-degré de longitude Est et le premier degré.*

Au S.-E. de Huexutla, au lieu de: *la Candellaria*, lisez : *la Candelaria.*

2º *Entre le premier degré et le troisième demi-degré.*

Au nord du 21ᵉ degré de latitude, au lieu de : *Seerra de S. Juan.* lisez : *Sierra de S. Juan.*

Dans la lagune de Tamiagua, au lieu de : *Isle del Toro,* lisez : *Isla del Toro.*

Au sud du 21ᵉ degré, au lieu de : *Lano en Medio,* lisez : *Llano en Medio.*

3º *A l'E. du 3ᵉ demi-degré,* au nord des îlots de la côte, au lieu de : *Punta Cab. Roxo,* lisez : *Cab. Rozo* (cap rouge).

4º *Sur le profil.*

Au lieu de : *V. de Tesmelucos,* lisez : *V.* (venta) *de Tezmelucan.*

Seconde demi-feuille.

1º *A l'ouest du Méridien de Mexico.* (En cheminant du nord au sud.)

Près Tula, au lieu de : *El Lano,* lisez : *El Llano* [1].

Au N.-O. de Mexico, au lieu de *Azcapuzalca,* lisez: *Azcapuzalco.*

Au S.-O. de Mexico, au lieu de *S. Geronineo,* lisez : *S. Geronimo.*

2º *Entre le méridien du Mexico et le premier demi-degré de l'est.*

Au N. de Pachuca, au lieu de : *Pueblo nuere,* lisez: *Pueblo nuevo.*

Au N.-E. de Zumpango, au lieu de : *La Cannada,* lisez : *La Cañada* [2].

[1] (La plaine) prononcez *Liano.*

[2] (La gorge) prononcez *Cagnada.*

Au S.-E. de Chalco, au lieu de : *Tlahuanalco*, lisez : *Tlalma nalco*.

Au sud des lacs, au lieu de : *Seerra de Cuernavaca*, lisez : *Sierra de Cuernavaca*.

3⁰ *Entre le premier demi-degré et le premier degré Est.*

Au N.-E. de Tulancingo, au lieu de : *La Cannada*, lisez : *La Cañada*.

Au bord du lac d'Apan, au lieu de : *La Laguma*, lisez : *La Laguna*.

4⁰ *Entre le premier degré et le troisième demi-degré Est.*

Au N.-E. de Huamantla, au lieu de *S. Juan de los Lianos*, lisez : *S. J. de los Llanos*.

5⁰ *Entre le troisième demi-degré et le deuxième degré.*

Au haut de la feuille, au lieu de *Sombrerette*, lisez : *Sombrerete*.

Au N.-N.-O. du Citlaltepetl, au lieu de *Fundicon*, lisez : *Fundicion*.

6⁰ *Entre le deuxième degré et le demi-degré suivant.*

Sur la côte, au lieu de *Lechuguillos*, lisez : *Lichuguillos*.

Au N. de Jalapa, au lieu de *S. Jacquin*, lisez : *S. Joaquin*.

Il faut noter aussi qu'afin de raccourcir les noms, on a parfois adopté la désinence en *ec* au lieu de celle en *etl* (Ex. *Popocatepec*), cette désinence étant très-usitée dans le pays.

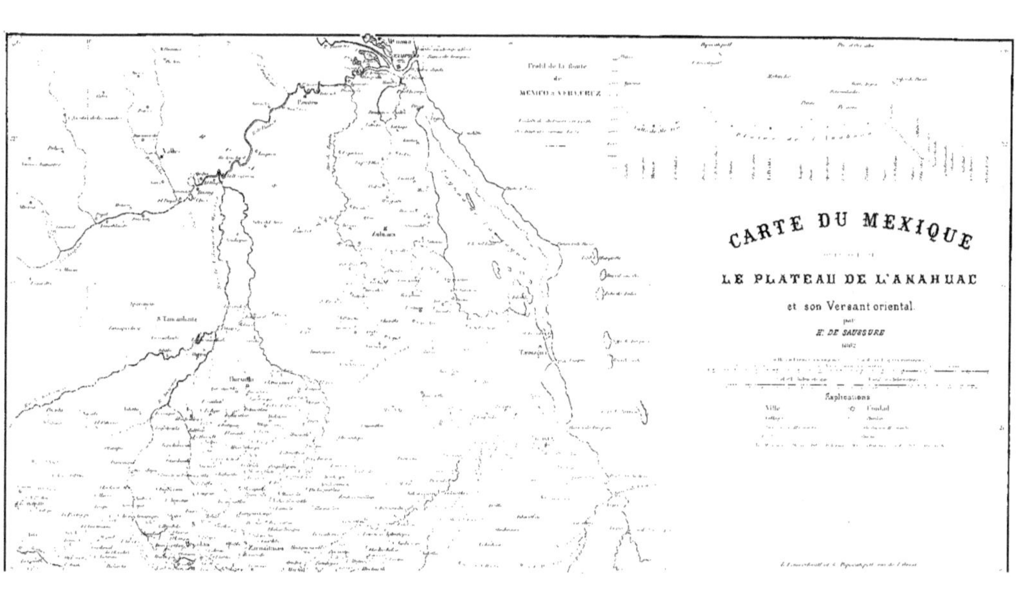

CARTE DU MEXIQUE
LE PLATEAU DE L'ANAHUAC
et son Versant oriental
par
H. DE SAUSSURE
Explications
Ville
Collège

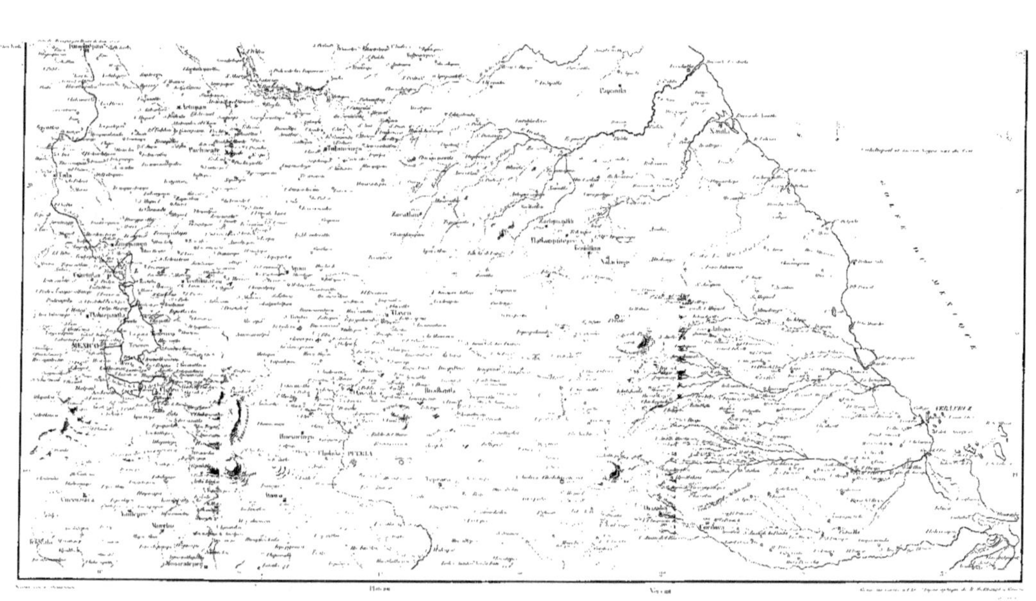